CHEERS
湛庐

怎样决定大事

DECISION TIME

[英] 劳伦斯·艾利森 Laurence Alison
尼尔·肖特兰 Neil Shortland 著

祝卓宏 王洵 译

浙江科学技术出版社·杭州

测一测

扫码加入书架
领取阅读激励

扫码获取全部
测试题及答案，
一起了解如何做
最艰难的人生选择

如何做出可靠的人生决策?

- 决策中相对更危险的陷阱是：（单选题）

  A. 武断

  B. 惰性

  C. 误解

  D. 分歧

- “多谋少断”是一种决策惯性，它会导致：（单选题）

  A. 失眠

  B. 错误决策

  C. 收集的信息更完整

  D. 拖延行为或根本不行动

- 在决策之前，你需要识别什么是你永远不会牺牲的价值，因为与这些价值不符的行为可能会导致：(单选题）

  A. 错误决策

  B. 强烈的身心不适

  C. 认知失调

  D. 巨大的心理创伤

扫描左侧二维码查看本书更多测试题

DECISION TIME

中文版序

没有决定是完美的，但每一次决定都是成长的契机

劳伦斯·艾利森
尼尔·肖特兰

欢迎阅读《怎样决定大事》，很高兴这本书的中文版能在中国出版。这本书中文版的出版对我（尼尔）来说尤为重要，因为我的妻子来自中国山东的泰安，我非常高兴我的家人和更多中国朋友能看到我们的作品。

在《怎样决定大事》这本书中，我们两人希望与读者分享一种指南，因为许多人发现自己正处于人生的十字路口——无论是家庭事务、事业追求还是个人发展。在瞬息万变的社会中，做出重大决策可能会让人望而生畏。本书为读者提供了实用的策略，帮助你在这些艰难的抉择时刻游刃有余，让你有信心、有目标地做出决定。相信我们的中国读者，也需要这样的指南。

在我们的职业生涯中，我们有幸研究了高风险环境下的决策，从士兵、警察到急救人员，我们目睹了他们如何在极端压力下做出艰难的决定。我们发现，同样的决策技巧和策略也适用于每一个普通人，无论事件涉及人际关系、职业困境还是生活中的意外变故。很多时候，我们不仅在帮助那些需要应对高风险情况的专业人士，也在帮助身边的家人和朋友——帮助他们在自己的生活中，做出关于人生大事的艰难决定。正是这些经历鼓励我们写下了《怎样决定大事》一书，我们也很高兴地听到了一些人的反馈，他们认为这本书对自己面临的重大决策很有帮助。

运用 STAR 模型找到平衡

《怎样决定大事》分享了 STAR 模型，该模型旨在帮助人们通过 4 个基本步骤做出决策：何种场景、何时行动、何种假设、何时修正。这个模型并不是为了得到完美的答案，而是为了培养清晰的思路、识别出个人价值，以及帮你在不确定的状况下做出平衡的选择。正如书中所述，虽然中国读者与美国读者在如何做出决策方面可能存在许多差异，但我们相信 STAR 模型对任何国家的读者都有意义，因为它反映了人们必须经历的一个普遍过程，以及你需要思考的核心问题。本书不会告诉你什么是“正确 ”的答案，但会帮你明确什么对你来说是“正确”的决定以及为什么。

许多人面临的共同挑战之一，也是我们认为读者会产生共鸣的问题，就是书中所叙述的“决策惰性”——处在十字路口的“瘫痪时刻”，此时过度思考和对后悔的恐惧感会阻碍人们前进。基于我们的工作经历以及神经科学和认知心理学的广泛研究，我们讨论了为什么人们经常害怕冒险，并鼓励你认识到，不做决定比做出错误决定付出的代价更大，哪怕结果证明它不是“完美”的选择。我们邀请中国读者，审视自己的内心，从而摆脱无所作为的状态。

我们还讨论了最糟糕的情况——当你面前的几个选择都不理想的时候。正是在这些情况下，心理韧性变得至关重要。我们认为，心理韧性不仅是一种工具，而且是一个持续的过程，它在巨变时期尤为重要。本书并不能保证你获得完美的结果，而是要帮助你理解并信任自己的价值观，这样你就可以勇敢面对困难的选择，而不会因为害怕犯错或后悔而陷入困境。

这本书与该领域其他书籍的不同之处在于，它不仅讨论了如何做出（或不做出）决定，还讨论了下一步该怎么做，以及如何与这些决定共存，何时知道是否该改变已经做出的决定。决策不是一成不变的，它往往是动态的，可能涉及多次修正。有时，正确的决定还需要你在面对消极声音时坚持到底，因为你知道最终的结果对你来说才是最好的。

文化差异如何影响决策

在《怎样决定大事》中，我们分享了从军事任务到个人十字路口的实战故事，说明最好的决策来自对自己价值观的遵从和对目标的诚实理解。我们用真实的例子说明，没有哪个决定是完美的，但每一个决定都是成长的契机。当你的选择与你内心的价值观相一致时，你就会找到坚持下去的力量，根据需要做出调整，并将每一次经历都转化为垫脚石。

同样重要的是，我们要强调决策过程中的一些独特因素，这些因素可能与你以及本书的新读者受众有关。在日益全球化的今天，了解各国之间的文化和心理差异已变得至关重要。美国和中国在文化价值观、个人行为和心理特征方面形成了鲜明的对比。跨文化心理学研究为我们提供了有关文化背景如何影响认知、社会和情感过程的见解。吉尔特·霍夫斯泰德（Geert Hofstede）的文化维度理论是理解文化差异的基础框架之一。根据霍夫斯泰德的模型，美国和中国在几个文化维度上存在显著差异。在本书中，当你学习决策制定时，思考这些文化维度可能非常重要：

1. **个人主义与集体主义。**中美文化差异中最有据可查的是个人主义与集体主义维度。美国人的个人主义程度较高，强调个人自主、个人权利和自我表达；相反，研究表明，中国人的集体主义得分较高，重视群体和谐、家庭义务和社会凝聚力。这一文化维度对行为有重大影响。在美国，个人优先考虑个人目标；在中国，则更强调群体目标和家庭责任。在本书中，影响如何制定决策的主要驱动因素之一是个人的价值观，而中国人与美国人优先考虑的价值观很可能有所不同。在阅读本书中的案例时，请你花一些时间思考一下，在不同的文化维度背景下你是否会做出同样的决定。如果不会，又是为什么？

2. **权力距离。**权力距离指的是对社会中不平等权力分配的接受程度。在本书中，我们经常谈到一些打破常规或无视等级制度的人，也许中国读者会觉得奇怪，但这恰恰反映了在不同文化背景下的个体对权威的不同看法或不同反应。

3. **不确定性规避。**决策的核心问题之一往往是不确定性。在高风险决策中，不确定性始终存在。我们不知道人们会做出怎样的反应，不知道会发生什么，因此必须做出“信念的飞跃”。不确定性规避针对的是一个社会对模糊性和风

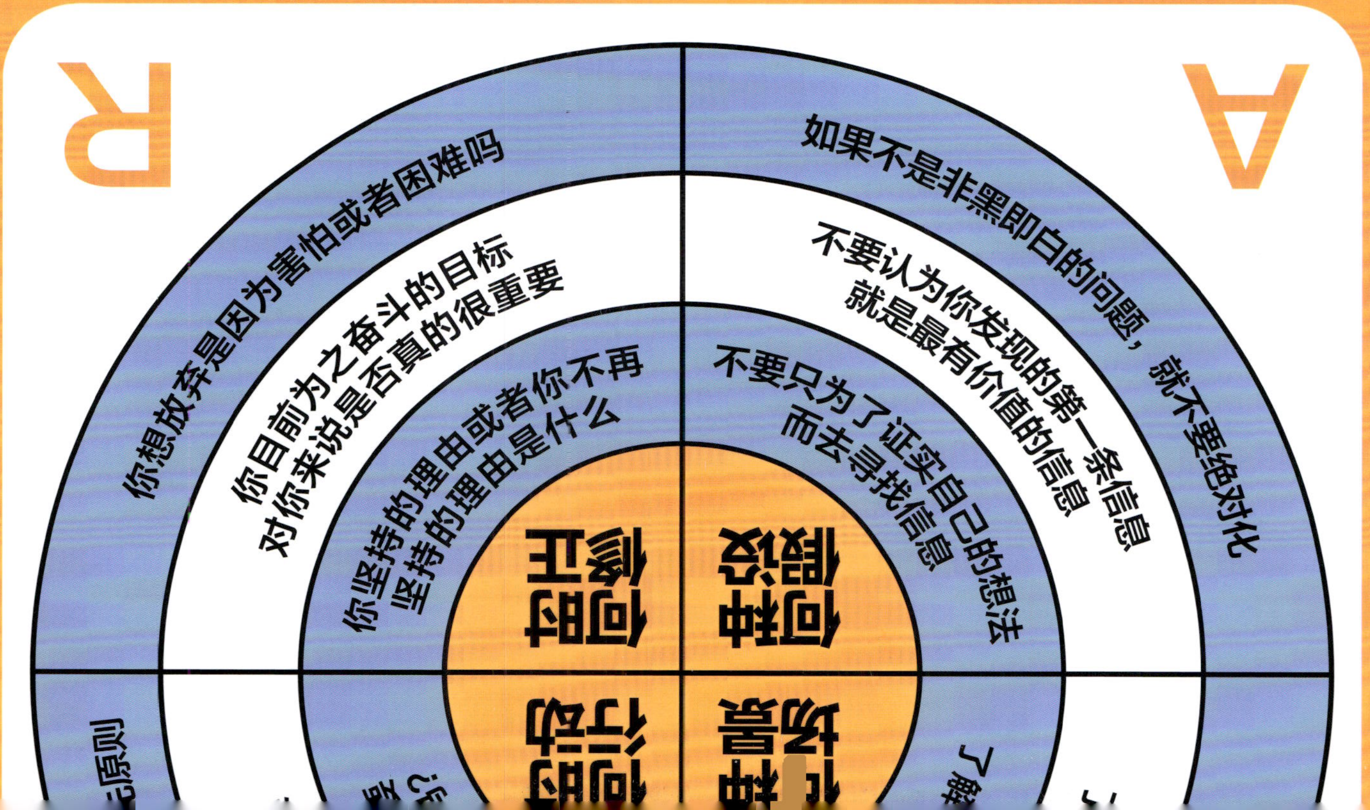
R
A
你想放弃是因为害怕或者困难吗
你目前为之奋斗的目标
对你来说是否真的很重要
你坚持的理由或者你不再
坚持的理由是什么
何时修正
如果不是非黑即白的问题，就不要绝对化
不要认为你发现的第一条信息
就是最有价值的信息
不要只为了证实自己的想法
而去寻找信息
何种假设
何时行动
何种场景

STAR决策罗盘

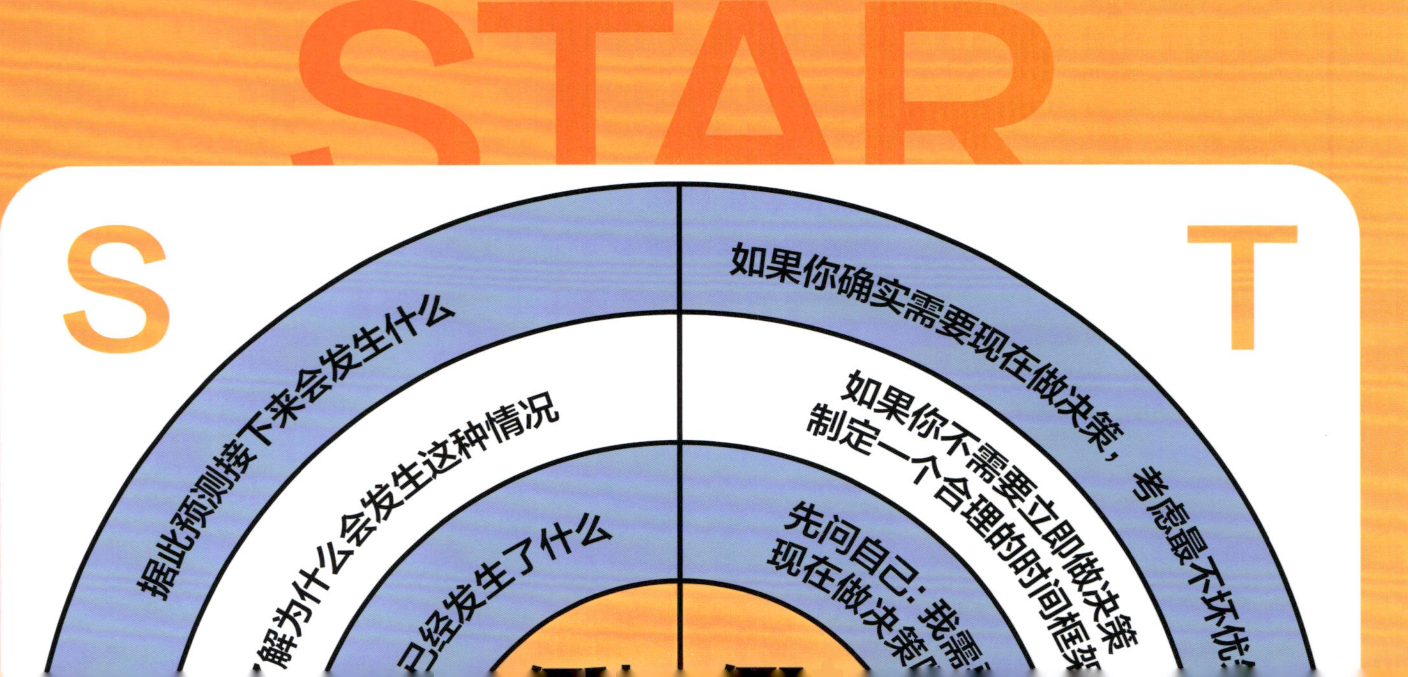

STAR
S
T
据此预测接下来会发生什么
解为什么会发生这种情况
经发生了什么
如果你确实需要现在做决策，考虑最不坏优
如果你不需要立即做决策
制定一个合理的时间框
先问自己：我需
现在做决策

亲爱的读者们，

“人生的道路虽然漫长，但紧要处常常只有几步，特别是当人年轻的时候。”柳青的这句名言，深刻地道出了人生重大决策的关键意义。在当下这个瞬息万变的时代，我们在生活中常常遇到各式各样需要重大抉择的时刻。

以婚姻为例，不少年轻人在选择伴侣时，会在爱情与现实之间徘徊。是坚守纯粹的感情，与相爱的人共同面对生活的风风雨雨，哪怕经济上暂时不那么宽裕；还是为了未来的安稳生活，选择条件更优渥的对象，却可能要在感情上做出妥协？

又比如在职业发展方面，随着科技的飞速进步，新兴行业不断涌现，许多职场人面临职业转型的难题。一些传统行业从业者，看到互联网、人工智能等领域的蓬勃发展，渴望涉足其中，却又顾虑重重，担心转型失败会失去现有的稳定工作和收入。

这些重大决策时刻，总是伴随着复杂的情绪和难以预测的结果，让人们陷入犹豫不决的困境。正如苏格拉底所言：“未经审视的生活是毫无价值的生活。”我们在面对这些关键抉择时，如果不深入思考、审慎抉择，很可能就会在迷茫中错失人生的精彩。

那么，为什么我们在面对这些关键抉择时总是举棋不定？如何才能在复杂和充满不确定性的情况下找到前行的方向呢？对于如何做出人生中的重大抉择，《怎么决定大事》这本书为我们提供了极具价值的答案。

策者常常难以有效利用时间，要么行动太慢，错过解决问题的最佳时机；要么行动太快，在没有充分思考和准备的情况下就做出决策，导致决策失误。而专家决策者则能够精准地把握决策的时机，知道何时该果断行动，何时该耐心等待。

此外，时间的管理还涉及对信息收集的把握。在决策过程中，我们需要收集信息来支持我们的决策，但信息收集并非越多越好，也不是越慢越好。我们要根据时间的限制和决策的需求，合理地收集信息。如果在收集信息上花费过多的时间，可能会导致决策时机的延误；如果收集的信息不足，又可能会使决策缺乏足够的依据。因此，在决策时，我们要学会在时间和信息之间找到平衡，确保我们在有限的时间内做出尽可能准确的决策。

（三）检验原始假设，提升应变能力

何种假设（Adaptation and assumptions）要求我们在决策过程中保持开放的思维，能够根据新出现的信息及时调整对形势的看法。随着情况的不断变化，我们最初的假设和判断可能不再适用，此时就需要我们具备“变通思考”的能力，及时修正自己的观点和决策，这就是心理灵活性的体现。在科技飞速发展的今天，市场环境、社会需求等都在不断变化，企业和个体都需要具备适应变化的能力，才能在竞争中立于不败之地。

例如，在企业发展过程中，当市场出现新的竞争对手、消费者需求发生变化或技术出现新的突破时，企业需要及时调整战略和产品，以适应这些变化。如果企业固步自封，坚持原有的决策和计划，很可能会被市场淘汰。同样，在个人生活中，我们也会面临各种变化，如职业发展、人际关系等方面的变化。当这些变化发生时，我们要敢于提出问题，检验自己的假设，及时调整自己的决策和行动。新手决策者往往不善于审查问题或考虑替代方案，一旦做出决策，就很难根据新的信息进行调整，从而导致决策与实际情况脱节。而专家决策者则能够快速推进并检验假设，根据新信息灵活调整决策，使决策更符合实际情况。

（四）动态修正路径，强化心理韧性

险的容忍度。美国人通常更乐于接受风险和变化，而中国文化则更倾向于稳定、传统和长期规划。在阅读本书时，请思考你与不确定性的关系，及其与书中案例的当事人的观念有何不同。

4. **长期取向与短期取向。**影响决策的另一个核心因素是未来，人们的分歧往往在于他们会考虑多远的未来，以及会在多大程度上优先考虑长期收益而不是近期收益。中国文化的特点是以长远收益为导向，这体现在对毅力、节俭和尊重传统的重视上。美国人更注重短期收益，注重快速见效、灵活性和适应性，这可能会在不同的决策结果和个人动机中得到体现。

虽然以上维度说明了美国读者与中国读者之间可能存在的差异，但只有你自己才知道你是如何看待这些因素对你的影响的，以及哪些是你在做决定时的优先考虑事项。希望以上内容能帮助你理解，为什么你会与本书案例中的那些人的决策意见相左。

在阅读这本书的过程中，我们邀请你将本书视为你决策之旅上的伴侣。无论你是在事业、人际关系还是个人生活中面临选择，都希望《怎样决定大事》这本书能增强你的能力，让你在人生的十字路口上充满信心、韧性和目标感。我们可以一起探索做决定的艺术，让你的决定与你的身份产生共鸣，与你的价值观保持一致，引领你过上更有价值、更有勇气的生活。

感谢你阅读我们的书，祝你在未来的决策中一切顺利！

DECISION TIME

目 录

中文版序　没有决定是完美的，但每一次决定都是成长的契机

劳伦斯·艾利森

尼尔·肖特兰

引　言　从战场的生死选择到筹办一场婚礼　001

不管你是战场上选择下一分钟要走哪条路线才能保命的老兵，还是考虑是否要将婚礼推迟到12个月以后的年轻人，每个人都会站在需要做出重大决策的十字路口。我们如何克服恐惧、拖延和回避，充满自信地做出那1%的关键决策？

第一部分 决定大事的认知基础 011

第 1 章 改变人生的 1% 关键决策 013

一个关键的决策可能会改变一生。我们说的不是日常决策，而是那些罕见、独特但又非常重要的决策。这些决策往往是当你处于人生十字路口时，需要做出的选择。

没有行动，不叫决策 018

真实的决策不靠理性，靠经验 020

不确定情况下的“最不坏决策” 024

此刻你是否真的需要做出决策 025

害怕失去，让决策难上加难 031

1% 关键决策工具箱 033

第 2 章 比错误决定更可怕的惰性陷阱 035

看看你周围那些让你钦佩的人所做的决策：也许他们在爱情中抓住了机会，从此过上了幸福的生活；也许他们从高中辍学，开始创业，现在已经取得了巨大的成功。这些重要决策都非常容易让人陷入惰性陷阱，但他们并没有回避、犹豫或不执行，而是采取了行动。

面临决策时，我们为何什么都不做 040

未能做出决策的三大因素 041

决策惰性比决策错误问题更大 050

1% 关键决策工具箱 052

第 3 章 让你成为你的个人价值清单 053

决策意味着你要在所珍视的多个事物之间进行衡量，并决定你要放弃哪一个、保留哪一个。这个过程被称为权衡。我们内心深处最害怕的事情之一，就是面对因为牺牲了自己最珍视的东西而带来的损失。

别让身体状况阻碍你的重大决策 057

评估你的决策倾向是追求完美，还是接受足够好 063

什么是你永远不会牺牲的价值 071

直面内心深处最害怕的损失 076

1% 关键决策工具箱 081

第二部分 STAR 模型：决定大事的四个步骤 083

第 4 章 何种场景：良好决策的第一步 085

人类偏好讲故事，因为故事能帮我们理解各种不确定性，我们也会创造故事来填补不知道的空白。然而在现实生活中，我们创造的故事有着更深远的影响，而且我们不能回放，看看我们第一次错过了什么；我们也不能瞎猜，发现我们错了，然后重新评估，再试一次。因此，我们如何讲述关于这个世界的故事，以及我们从中得出什么结论，至关重要。

故事是决策的起点 089
善用情境意识，理解眼前发生的事情 092
可怕叙事练习：想象最坏情况，提前学会应对 102
1% 关键决策工具箱 105

第 5 章 何时行动：掌握决策的正确时间窗口 107

那些与我们合作过的军队、警察、企业和政府领导人在面临生死抉择时，都会问的第一个问题是：“我必须现在就行动吗？”当你面临重大抉择时，也是如此。精确地知道何时需要等待以及何时不能再等，是一种很重要的能力。正是这种能力将卓越与优秀拉开了差距。

决策的首要任务：确定你还有多少时间可以利用 113
克服时间紧迫感：避免过早行动的风险 117
边际收益递减：掌握决策的狐步舞思维 121
设定最后期限：明确何时采取行动 123
1% 关键决策工具箱 126

第 6 章 何种假设：正确决策需要避免的认知陷阱 127

我们经常看到新手决策者落入认知谬误的陷阱，这些谬误反而给人一种“正确答案”的错觉，让人没有意识到深入挖掘的必要性。我们将教你如何避免这些谬误，如何在正确的时间参与到正确的认知过程，以及如何最终确保你在正确的理由下做出正确的决策。

了解你的认知闭合倾向，克服决策的个性弱点 131

识别假设偏见，敢于成为认知吝啬鬼 139

修正认知捷径的五个思维技巧 141

警惕似曾相识的类比模式，做好准备随时调整 143

1% 关键决策工具箱 146

第 7 章 何时修正：遵循你内心深处的价值 149

好的决策是关乎平衡的思考。考虑太多会让我们陷入兔子洞，考虑太少会让我们没有机会仔细斟酌，找到最好的决策。坚持和改变同样重要。

为什么我们更愿意维持现状 153

不要停止尝试新事物 158

知道何时应该拥抱荆棘，何时应该果断放弃 165

1% 关键决策工具箱 173

第三部分 决定大事的心理能量 175

第 8 章 提升心理韧性，过更有活力的生活 177

心理韧性让我们即使经历着暴风骤雨，也能够做出人生中最艰难的抉择，从而顺利地渡过难关；心理韧性也给了我们能量，让我们即使面临艰难险阻，也能沿着我们选择的道路继续前行。更重要的是，相信自己拥有心理韧性，为未来不可避免会经历的旋涡做好准备——这是我们的心理自我补充元素。

什么是心理韧性 180
善待自己，觉察大脑和身体的预警信号 181
夯实心理韧性的四大支柱 185
提升心理韧性的三大习惯 189
1% 关键决策工具箱 191

结 语 **站在人生的十字路口** 193

处于人生的十字路口可能是最艰难、最可怕的时刻，但它也是最令人振奋的时刻，因为它提供了机会和改变的可能性。生活之所以向前发展，是因为你在十字路口选择前进，而不是退缩。暂停，思考和斟酌——但不要太久。祝你做一个生活的旅行者，而不是旁观者，引领自己朝着光明的方向努力前行。

附 录 **三分钟正念呼吸练习** 203
致 谢 205
阅读文献 209

引　言

从战场的生死选择到筹办一场婚礼

不管你是战场上选择下一分钟要走哪条路线才能保命的老兵，还是考虑是否要将婚礼推迟到 12 个月以后的年轻人，每个人都会站在需要做出重大决策的十字路口。我们如何克服恐惧、拖延和回避，充满自信地做出那 1% 的关键决策？

“当下的时机对我很不利，我必须做出选择。如果我走到街上，就有可能被枪杀，而如果我往回走，则有可能被叛乱分子炸死。面对这种情况，我到底应该做何选择？”

“我不知道怎么做才是最好的。我既想和亲朋好友一起举行一场盛大的婚礼，又想尽早把婚结了，太多的琐事让我感到心烦意乱。”

上述第一段话来自一位美国武装部队成员。我们问他在阿富汗部署期间面临的最艰难的决策是什么，他告诉我们，他当时不得不选择走一条不熟悉的路线，要么穿过镇上一个暴力活动猖獗的地区，要么沿着他刚刚走过的路线折回去——但他又不能走这条路，因为叛乱分子有时会在他们看到士兵走过的路上放置炸弹。

第二段话来自我的一位朋友，他当时正在决定是在接下来的 12 个月内举行婚礼，还是将婚礼推迟到 12 个月以后。如果选择前者，他就可以和妻子一起尽早开始他们的婚姻生活，开始备孕、买房；如果选择后者，那么亲朋好友们就能有更多时间上和经济上的准备，更多的宾客可以漂洋过海来到澳大利亚（他们现在的居住地）参加他们的婚礼。

从表面上看，这两项决策似乎大相径庭——从许多方面来看也确实如此。前者是一名士兵在一场战争中面临的决策，而后者是一对夫妇在悉尼的一套舒适的三居室都市公寓里所面临的决策。

然而，从心理学的角度来看，你会发现这两者之间有一些明显的相似之处。首先，两位决策者以前都没有面临过类似的决策。这位士兵称，摆在他面前的选择是“独一无二的”和“未曾受过训练的”，而我的朋友也从未有过筹办婚礼的经历，更不用说一场让数百人漂洋过海的跨国婚礼了。

其次，在这两项决策中，无论做出哪个选择，都有为决策者带来好结果和坏结果的可能性。对于这位士兵来说，无论哪种决定，都有可能给他带来重大人身伤害，也有可能让他安全返回基地。对于我的朋友来说也是如此，无论哪种决定，都有可能带来负面结果——推迟婚礼，他可能会发现人们仍然无法到场；现在结婚，他又会为这么多亲朋好友没能来到现场见证自己的婚礼而永远感到遗憾。它们也有可能带来积极结果——如果推迟 12 个月结婚，那么他就可以举办梦想中的婚礼，那么等待 12 个月又算得了什么呢？如果现在就举办婚礼，即使宾客名单上人数很少，他也仍然可以和最亲近的人共度梦想中的一天。

最终，要想知道这两种情况分别会带来什么样的结果，唯一的办法就是先做出决策。

在本书两位作者的职业生涯中，我们一直在帮助士兵、警察、医疗专业人员和其他各种处于高风险环境中的人在生命受到威胁时做出艰难的决策。劳伦斯曾应对过各种各样的事件：伦敦奥运会的筹备工作；2005 年 7 月 7 日伦敦爆炸案的应对方案；欧洲有史以来最大的非战时火灾——2005 年 12 月英国邦斯菲尔德油库火灾事故的处理；2004 年 12 月，灾难受害者识别小组对印度尼西亚海啸的应对，他还参与过数起重大凶杀案和连环强奸案的调查。尼尔的第一份工作是在英国的一家科学实验室工作，帮助士兵为应战做准备。从那时起，他与世界各地的士兵、警察和高级决策者合作，帮助他们应对在工作中面临的一系列挑战。

有趣的是，我们共事过的军事、安全和其他领域的领导者经常给我们反馈说，虽然我们的培训是针对职业决策的，但也能帮助他们在自己的个人生活中做出更好的选择。

这就是我们写这本书的初衷。我们意识到，这些知识有助于人们在个人生活大事中做出重大抉择，以及在紧急情况下、战时或安全局势中做出生死攸关的关键决策。在接下来的章节中，我们将带你了解良好决策的基本要素。这意味着下次当你面临决定未来的人生大事决策时，你将对如何应对充满自信。

我们坚信，每个人都会在人生的某个阶段，发现自己正处于一个重要的十字路口，我们必须在那里做出一个重大的、可能改变一生的决策。这些决策有可能关乎是否搬家，是否要离开工作或伴侣，是否出国或移民，如何照顾年迈的父母或年幼的子女，是否要汇报工作中发生某件事，是否要对宠物实施安乐死等。

作为科学家和世界观察者，我们还意识到，优柔寡断往往会导致最具破坏性的结果。惰性在我们身边随处可见，我们认为它是决策中最具危害性的潜在因素。从无法摆脱不愉快的人际关系，到为是否跳槽而犹豫不决，再到回避改变有害健康的生活方式，决策不仅与决策内容有关，还与决策时机有关。总之，决策惰性对我们很不利。

在许多关键时刻，正是由于我们无法克服自己对采取行动产生的恐惧感，才最终导致了更大的损害，使我们无法成为更幸福、更健康、更成功的自己。

这本书将帮助你应对人生中可能面临的关于大事的艰难抉择。它参考了我们针对那些需要做出关键和高风险决策的人群进行的实地研究，探讨了人类在面对所有决策结果看起来都很可怕的情况时所经历的心理冲突。

书中包含我们通过对士兵进行的访谈，描述了他们在实际生活中的真实情况，以及在数百次培训警察、救护人员和消防人员应对包括恐怖袭击在内的高风险情况的模拟练习中，我们观察到的结果。我们还借鉴了那些真实恐怖袭击中的急救人员所做的情况汇报，以及实验研究、神经科学成果和我们自己对士兵和警察如何做出决策所进行的实验结论。

方法多种多样，但一切问题的核心是相同的：**面对内心的冲突，我们如何克服恐惧、拖延和回避，从而顺利地做出决策？**本书将会解释，为何我们的决策过程会变得困难重重。我们将帮助你理解你在决策时可能产生的感受，因为很多时候，这不仅仅是你个人的问题，也关乎人类的本能和深层次的进化倾向。

当你发现自己面对人生大事处于两难境地时，学会识别它们，可以让你更好地做出决策。我们的目标是为你提供一套方法，让你不仅可以了解自己的决策能力，还可以了解在决策过程中可能遇到的问题。一旦掌握了这些方法，你就能极大地提升自己的有效行动能力，并以适合自己的方式采取行动。

但是，需要明确的是，本书讲述的并不是所谓的日常决策，而是有可能永远改变人生的那 1% 的大事的关键决策。当你发现自己正处于人生的十字路口时，我们希望能为你指点迷津，接下来的每一章都会帮助你充分熟悉和掌握一个能够提高决策能力的模型，并帮助你将其付诸实践。

我们的工作和这本书的核心是我们提出的 STAR 模型，它包含的四个要点将指导你做出最艰难的人生选择。如果你能掌握这一要领，我们保证你将以最佳状态迎接改变人生的重大决策。

1. **何种场景（Stories and scenarios）**：了解清楚你正在面对的情况（见第 4 章）。精英决策者会识别出一系列可信的“故事”，帮助他们对当前事件的发展做出诊断，并分析事件后续可能的发展方向。而新手决策者往往因为将判断建立在以下两种情况上，而导致出现不好的结果：(a) 唯一合理的解释，或 (b) 另一个极端，提出过多的模型，然后无法应对。新手决策者要么做得太少，要么做得太多。相比之下，精英决策者对正在发生的事情有充足的思考，但不会过多。
2. **何时行动（Time mastery）**：知道何时该行动，何时该克制（见第 5 章）。精英决策者会问自己一个关键问题：“我需要现在就做决定吗？”如果答案是肯定的，他们就会采取行动。如果答案是否定的，他们就会寻求更多信息，以进一步澄清问题。新手决策者未能有效利用时间，要么行动太慢，要么行动太快。

3. **何种假设（Adaptation and assumptions）：** 澄清和检验情况，提出问题，检验假设（见第 6 章）。随着新信息的出现，精英决策者会调整他们对形势的看法。他们是我们所说的“变通的思考者”，能够快速推进并检验假设。新手决策者往往不会进一步审查问题或考虑替代方案，这就是二者的不同之处。

4. **何时修正（Revision）：** 知道何时修正计划至关重要。你需要知道何时应该改变，何时应该坚持。在做出选择之后，你需要在接下来可能出现的困难面前保持坚毅（见第 7 章）。精英决策者会根据对形势的新认识来修正他们的行动方案——即使这种修正可能不受周围人的欢迎。道德感和勇气也很重要。精英决策者善于照顾自己，这能确保他们在遇到不可避免的人生抉择时能够提前做好充分的准备，当他们踏上自己选择的人生道路时，也能更好地应对所有可能出现的状况。

做出一个艰难的决策是令人生畏的，面对这样的时刻，人们往往会双手抱头说：“谁能告诉我该怎么办！”这种情况并不奇怪。但问题是，这种方法从未奏效，也永远不可能奏效。

STAR 模型不是要让别人告诉你该怎么做，而是要让你理解决策过程，使你能够运用自身所拥有的力量，成为一个精英决策者。**当面临艰难的抉择时，你需要向内探寻，并使用我们在本书中提供的工具。因为**

我们学到的最重要的一件事就是，只有真正适合你的决策才是最好的决策。

STAR 模型让你有胸怀接纳不确定性，有勇气面对艰难的抉择，有工具优化应对方法，有技能因地制宜地采取行动。你将学会一种思维方式，让你在面对人生的十字路口时，拥有一种迎接机遇和敢于冒险的心态，对自己充满信心，而不是惴惴不安。即使再艰难的决策，你也能够成功应对，而不会陷入无休止的担忧和焦虑，担心自己应该怎么做、这样做是否会把事情搞砸等。

CISION
TIME

第一部分

决定大事的认知基础

第1章

改变人生的 1% 关键决策

一个关键的决策可能会改变一生。我们说的不是日常决策，而是那些罕见、独特但又非常重要的决策。这些决策往往是当你处于人生十字路口时，需要做出的选择。

在一个工作日的午后，“砰”的一声，一颗埋在公路隧道深处的炸弹被引爆。那一刻，万籁俱寂，世界静止，仿佛等待着人们从一场噩梦中苏醒过来。

随后，烟雾开始飘到路上——先是淡淡的烟雾，然后是浓浓的黑烟，接着，一些浑身是血、神志不清的人开始从车里逃出来。呻吟声和哭喊声越来越大。几分钟后，随着警笛声一阵鸣响，第一批急救车到达现场。

没有人愿意处理这样的灾难，但总得有人负起责任。让我们想象一下，假如这个人是你。如果让你来负责指挥这场灾难的应急响应，你会如何应对？假设你是消防指挥员：你刚刚到达现场，负责移动控制中心的指挥行动，该中心正在向隧道口靠近。

刚开始，这一切都可以照章行事。一队急救人员进入隧道内。几分钟后，开始有受伤人员走出来，随后有重伤人员被担架抬出来。虽然没有发生火灾，但隧道部分坍塌，有可能会出现更多的混凝土隧道顶坍塌的风险，危险迫在眉睫。消防员报告有两到三人不幸遇难，其他人受重伤。

但接下来你收到一条新信息：有人拨打了 999 电话，自称是炸弹袭击者。

他说的话让人不寒而栗。他告诉接线员，已经被引爆的炸弹并不是唯一的，隧道内还有第二个爆炸装置，它将在 15 分钟后被引爆。

瞬息之间，你需要做出一个后果让人极其难以承受的决定——你是否要根据这条新信息采取行动？如果要，你会怎么做？

这是我们举办高风险决策培训课程时经常使用的模拟情境之一。我们知道这个情境很艰难，也因而很具有典型性，把它摆在那些有多年决策经验的人面前时，我们就能观察到他们在考虑会怎么做时，脸上有着什么样的表情，从而找到做决策的诀窍。

我们发现，精英决策者通常会快速询问几个问题，然后决定如何将被困的人撤出隧道，以避免更多人员伤亡：

- 我们的工作人员离隧道口有多远？（大约 800 米）
- 增援要多久才能到？（增援需要 20 分钟才能到）
- 我们知道这些信息的可信度吗？（不知道，来源未知）
- 目前的伤亡人数是多少？（不完全确定，超过 30 人）
- 有多少人是能自己走的？（同样未知，大约超过一半）

你可能也问过类似的问题，不过真正艰难的决策时刻还没有到来。接下来的情况是这样的：你开始将队伍和尽可能多的伤员带出隧道，4 分钟后，你收到隧道内一名消防人员发来的信息："我和一名 8 岁的女孩在一起，她被一根金属大梁卡住了。我需要踏板切割机，如果你能送来，我几分钟内就能把她救出来……我不能把她一个人留在这里，她和我女儿一样大，你必须给我送踏板切割机来。"

现在才是真正艰难的决策时刻。

我们在课程中发现，人们总想问更多的问题，有时还会重复问那些已经有答案或已经被告知无法回答的问题。例如，隧道还有多长？这个女孩是否还有意识？关于第二枚炸弹的情报可信度如何？

有时，我们会花几分钟讨论这些问题，但在现实生活中，你并没有这些时间。因为当你拖延的时候，第二颗炸弹随时可能发生爆炸，导致 8 岁女孩和消防员以及附近的人伤亡。

我们不难理解，人们为什么想拖延，为什么想问更多的问题，为什么抗拒做出决策。因为这个决策，你做与不做，结果都会很糟糕。

我们先把关于隧道灾难的讨论放在一边，想一想到底是什么让决策变得如此困难。有一次，我们在对消防队员开展的培训中，让他们也做了这个测试，当时就引发了关于什么是最佳行动方案的激烈争论。答案并不简单，因为存在以下难题：

1. 这种情况将迫使你在极度不确定的情况下，在两种选择之间做出抉择，而这两种选择有可能都非常糟糕。

2. 这种情况要求你做出真正的选择。虽然每个选择都是一个决定，但并不是每个决定都必须在多个选项中做出选择，我们难以抉择的真正原因在于，只要做出选择，我们就要对其后果承担责任，并放弃其他选择背后的机会。

在这种情况下，我们被要求在极其困难的情境下权衡一切。时间紧迫，而我们又没有足够的信息来确定哪种选择“更好”。换句话说，我们必须“盲目”地做出决定，因为我们根本无法得到做出决定所需的所有信息。然而，最严重的后果正逐渐逼近：一个孩子的生命、一个消防员（也是一位父亲）的生命，以及一个送踏板切割机的志愿者的生命正危在旦夕。他们的性命都取决于你下一步的决策。

没有行动，不叫决策

我们两人的整个职业生涯——加起来将近半个世纪——都在研究个体做出决策的过程。具体来说，我们就是所谓的“现场心理学家”（field psychologists），因为我们的大部分工作都在现场，与真实的人（警察、陆军、海军、空军、安保人员、医护人员、审讯人员）一起做出真实的决策。我们不仅仅在实验室里做研究，还关注现实世界中实时、高风险的决策。

我们研究了人类在极端情况下做出的各种决策，并研究了他们做决策时会受到哪些因素的影响。我们工作的核心是希望利用我们的知识帮助人们更有效地进行决策。

让我们从了解决策的实际含义开始。在我们的工作中，决策的定义是“为实现预期目标而采取的行动承诺”。[1] 从这个定义来看，有几个重要方面对思考如何在生活大事中做出决策至关重要。其中最重要的是，正如我们在后文所详述的那样，决策涉及正在采取的行动，这一点常常会被误解。

这里有一个我们最喜欢在课程中向学员提出的问题，也请你思考一下：

> 5 只青蛙坐在一根木头上，4 只决定跳下去。
>
> **问题：**还剩多少只？
>
> **答案：**5 只。
>
> **为什么：**因为“决策”和“行动”之间有着天壤之别。

当涉及决策时，许多人关注的是做出选择的过程，其代价就是，他们最终才发现，决策只有在现实世界中实施后才算真的完成。

这意味着，你可以一直都在思考你想要做什么：你想找一份新工作，你想建立一段新的关系，你想向你的长期伴侣求婚。然而，只有到你真正去做了才能算是做出决策。用一句我们常见的话来说，“干就是了”（do the damn thing）。这就是为什么在本书中，当我们在帮助你选择自己想做的事情时，我们知道战斗只进行了一半，要想完全做出改变生活的决策，你必须把想法付诸行动。

在这本书中，我们将反复提到三个关键词：

1. **承诺：**确保你坚定地承诺，不要在选择上犹豫不决。

2. **行动：**不仅仅是思考你将要做什么，还要实际去做。

3. **目标：**确保你知道重点是什么，并明确你想要实现的目标。目标越精确越好——与其说“我想要更快乐”，不如说“我想在每周工作中多享受至少 5 小时的空闲时间”。

我们不希望你变成那只被困在木头上的青蛙：决定了，却不行动。

真实的决策不靠理性，靠经验

在开始解释我们是如何将决策概念化之前，让我们先来深入研究一下这些问题：近年来，决策理论是如何发展的？从学术和理论研究层面来看，我们现在处于什么位置？像我们这样的人贡献了哪些新思想？关键是，在这些研究中，哪些部分对你最有用？

自 18 世纪以来，科学家们一直在就人们如何做出决策开展正式研究，学术界出现的第一个决策模型被称为“经典模型”。该模型认为，人们会基于对最佳结果的假设来做出选择。

举个例子，做出关于买房、买车、换新厨房或为大型活动采购昂贵服装的决策时，你需要参照多个不同的标准。例如，如果你想买车，你可以看看座位数量、价格、燃油的经济性和保险费用。这些信息很容易通过搜索找到，并且可以进行比较。在这种情况下，你很容易在所有变量中找到具有最高评价的“最佳”决策。同时，我们还可以轻易识别那些“错误”决策，即在当时可选方案中“得分更低”的选择。这样的决策具备已知的结果和价值，我们可以从既有信息中知道什么是好的、什么是坏的。

如果更进一步，我们还可以在这个过程中增加一定程度的主观性。主观性是指并非所有人都会以相同的方式体验、感受或行动——可能有一定程度的主观理性（对你有益的东西，未必对我有益）和时间理性（在某一时刻是好的决策，在其他时刻未必也好）。例如，尼尔购买了一辆跑车，在 7 月时，这并不是一个错误的决定，在波士顿的夏天开着这辆车到处游玩是一件非常棒的事情。但到了 12 月就不一定了，外面下了 30 厘米厚的雪，他整整两个星期都无法把车开出车道。

听起来很简单，不是吗？而且合乎逻辑。这就是为什么我们经常持有理性假设。在做出决策之前，我们以及周围的人都会理性地权衡所有的行动方案。有趣的是，直到今天我们最常共事的一些人都是以此为依据来进行决策的。事实上，在我们自己的工作中，我们经常需要克服这样一个基本假设，即决策不仅仅是理性思维，更是在决策过程中对各种理性思维进行比较的过程。我们常常会认为，决策是一个理性的人经过理性的评估过程，最终理性地选择了可能是最佳行动方案的过程。

理性行动者模型的问题在于，你得在做出决策之前先知道每个决策的结果。虽然在选择房子、汽车或新厨房时这可能行得通，但在我们生活中的许多重大决策中，这样做显然行不通。回想一下过去几天或几周里你所面临的难题。在很多情况下，你可能知道当你做出某个选择时会发生什么结果，但也可能有一些更冒险的选择，你不知道接下来会发生什么。而这些往往又是最重要的选择，它们有可能还会涉及其他人，也有可能是你遇到的最艰难的选择。你觉得是这样吗？

人类决策的理性观点之所以持续存在，其中一个原因是测试决策的传统模式是在“实验室”中进行的。学术界的学者们更倾向于设计那些能让参与者展现出逻辑性的实验。但随着决策研究的发展，心理学家们逐渐意识到，他们所聚焦的是某些具体情境。也就是说，在做出决策之前，人们已经提前被告知一些跟结果有关的必要信息，或其中只存在极少数的不确定性。换句话说，心理学家们研究的情境是非常可控的，与现实生活是脱节的。这些决策都很简单！在现实生活中，让决策变得困难的恰恰是那些教科书上忽视的因素：时间紧迫、不确定性、目标不明确、高个人风险、信息的流动和动态变化、出问题后需承担的责任，等等。在这些更真实的生活场景中，我们了解得最清楚的不是人们如何做决策，而是**他们为何做不了决策。**

美国心理学家加里·克莱因（Gary Klein）是研究现实世界中决策制定的先驱。他指出，在日常生活中，我们往往不会提出备选方案，也不会使用相同的评估方法对方案进行比较。即使进行比较，也不会使用特定的系统或技术。[2] 基于这种对现实世界中人类行为方式的认识，一种新的决策模型开始成型。

克莱因认为，重要的不是总结出那些告诉人们应该如何行动的学术理论，而是去观察当人们在现实生活中面临痛苦的、绝望的甚至可能改变人生的抉择时，他们实际上是如何采取行动的。在业界，这被称为“自然主义决策”（naturalistic decision-making，NDM）。在此基础上，克莱因进一步发现，现实生活中的高强度决策者，如消防队长、警察指挥官等，大多数人都能迅速判断形势，并在不考虑其他选择的情况下就做出决策。

这是怎么回事？克莱因将其归结为他所称的“RPD 决策模型”（recognition-primed decision-making）。通过研究现实生活中的边缘情况，他意识到精英决策者所依赖的是从多年类似的边缘情况中所积累的经验。一个人在自己的领域越有经验，他在选择特定行动方案时就会越迅速、越灵敏，因为以往的经验可以帮助他识别当下正在发生什么，以及预测接下来可能会发生什么。实际上，克莱因发现的这一现象恰好印证了国际象棋大师的行为。他们不需要有意识地“计算出”棋步，因为根据多年的经验，他们根据本能就能够知道一组棋局的结果是什么。

在体育运动中，我们也能看到基于 RPD 决策模型的同类型的模式识别。体育运动员在识别对方球队的模式时，精英决策者会在自己所处的环境中寻找模式，告诉自己下一步最有可能发生什么。他们通常会建立一个非常简单的决策规则：“我上次采取的行动有效吗？”如果有效，就再做一次；如果无效，就试试别的方法。

我们在日常生活中也是如此。例如，我们会根据以前遇到过的交通堵塞状况来选择上班路线，或者根据以前在超市的购物经验（是否提供了我们需要的某种食材）来选择超市。**经验是一个人的重要资产，也是区分专家和新手的重要因素。**正是因为人们拥有庞大的经验库，才能快速识别当下正在发生什么，并利用过往的决策经验来计算下一步应该怎么做。

我们同意克莱因关于经验重要性的观点，你也应该意识到经验在帮助你指导行动方面起着非常重要的作用。但我们同样也意识到，你可能会遇到的问题是，许多重大的人生决策都是头一次遇到：你从未决定过是否要与某人建立终身关系；你从未考虑过是否要搬到一个新城市；你从未思考过是否要改变职业。因此，我们意识到，在这种情况下，你需要一种与众不同的智慧。

不确定情况下的“最不坏决策”

当我们面临新奇、不可预测的情况时，决策问题最为突出，比如前面提到的隧道困境；选择转行；或是当我们被诊断出患有某种可能改变人生的疾病，必须选择治疗方案时。正如我们所看到的那样，在这种情况下，每种行动方案都有可能会产生消极、痛苦或悲惨的结果，这种可能性甚至还很大。更重要的是，由于未知因素太多，波动性太大，以往的经验无法提供太多的智慧或理性的解决方案。这类决策对我们传统的决策思维方式提出了挑战，我们无法比较各种选择的结果，因为我们根本不知道究竟会发生什么，以及这些结果会带给我们什么感受，而且也没有任何过往经验来帮助我们判断到底应该做什么、不应该做什么。从这个意义上说，这类决策让我们无法理性地选择最“理想”的结果，甚至让我们无法选择最“可行”的结果。

我们将在这种情况下做出决策的方式称为“最不坏决策”。作为学者，我们花了很多时间思考这些最不坏决策，或者我们可以真正称之为“最艰难的决策”，以及如何应对它们。在我们的培训和学术工作中，**我们将最不坏决策定义为：涉及多个选择的决策，其中每个选择都有可能产生负面结果，而你的目标是从所有负面结果中选择破坏力最小的一个。**在最不坏决策中，信息是不完整的，而且无法预知下一步会发生什么，在这样的情况下，那些精英决策者们是如何做的呢？

在了解以上情况后，让我们再次看看本章开头所描述的隧道场景。我们可以从隧道中消防员的请求开始：他拒绝离开和他在一起的女孩，要等着踏板切割机被送来，这样他才能把她从废墟中解救出来。这里我们有一个二选一的决策：送或不送踏板切割机。这两种可能性都有最好的结果和最坏的结果。不派志愿者去送的最好情况是没有炸弹，最终我们救了消防员和受伤的女孩。另一方面，最坏的结果是炸弹被引爆，导致他们两人遇难。

然而，如果我们仔细思考，不难发现还有一个更糟糕的情况，也是可能出现的最糟糕的结果：这个 8 岁的女孩、和她在一起的消防员，以及将踏板切割机送入隧道的志愿者，将全部丧生。当然，只有当你决定派一名志愿者带着踏板切割机进入隧道时，这种情况才会发生。所以，尽管这种行动方案可能很诱人（毕竟，如果真的有另一枚炸弹，这也是成功概率最大的方案），但它也有最大的失败风险。

换言之，如果不将踏板切割机送入隧道，孩子和消防员都有可能丧生；但如果没有炸弹的话，他们两人也有可能生还。最关键的是，如果你决定派其他人送踏板切割机进去，还有可能存在更糟糕结果的风险。这就是为什么这个决定如此困难——决定避免最坏的情况，就意味着你决定放弃最好的情况。正是这种既想避免最坏的情况，又希望出现最好的情况的矛盾心理，使得最不坏决策变得如此困难。

事实是：无论你做出什么选择，都需要你做出牺牲。而做出牺牲是你一生中最艰难的事情之一。

此刻你是否真的需要做出决策

所有这一切都引出了决策的另一个有趣之处，即最具震撼力、最重要或最有可能导致灾难的选择，可能并不是最难做出的选择。根据我们的经验，人们往往认为后果越严重，决策就越困难。但更常见的情况是，你可以在两种行动方案之间自由做出选择，而你必须对做出选择的过程负责，这才是让你感觉最困难的地方。以下面的军事场景为例：

2017 年夏天，尼尔采访了一位名叫托马斯·凯拉韦（Thomas Kellaway）的美国中校，这位中校在美国遭受“9·11”事件后的几个月里曾在阿富汗指挥特种作战部队。他参与了一项进攻任务，该任务旨在追踪并“清除”特定的敌对武装力量。

凯拉韦描述了他在此期间做出的最令人难忘的决策之一。他的职责是管理空中支援。在事发当晚，现场有五个不同的特种作战小组，各自在追踪潜在的目标。突然，几乎在同一时间，有两个小组报告说急需空中支援。一支由美国士兵组成的小组表示，有人向他们开枪；另一支由德国士兵组成的小组表示，他们被叛乱分子发现了，这些人现在正在包围他们的阵地，并且越来越近。

凯拉韦只有一个空军中队，他必须决定把它派往其中一个小组。

由于军方有非常严格的协议和预先制定的规程来帮助参谋人员做出决策，因此凯拉韦中校并不是一个人在面对选择。事实上，他的决定是别人替他做出的。凯拉韦知道，只有在地面小分队能够确认他们的目标是敌人的情况下，他才能做出派遣增援部队的决策，这在内部被称为“积极识别”（positive identification，PID）。要确定积极识别，至少要满足以下三个标准中的一个：士兵必须清楚地看到袭击者身上的制服；他们必须观察到公开的敌对行为，例如开枪；他们必须知道自己正处于一个受到直接威胁的位置。但当凯拉韦询问美国小队时，很快就发现他们没有积极识别。他们只是看到了枪口的闪光，但没有人被击中，他们的装备也没有被击中，也没有人看到任何制服。

凯拉韦和队员们都很担心，尽管缺乏这些信号，但他们发现的这群人仍然处于潜在的危险之中。因此，凯拉韦转而执行美国陆军提供的下一个规程，即如果一个小组受到威胁，其应采取的行动是远离威胁。“我问他们，你们有明确的撤退路线吗？”凯拉韦回忆道，“你们有什么理由需要与他们靠得如此近吗？”并没有。因此，这个小组接下来应该做什么，突然间就变得非常清楚了。

与此同时，德国小组正在担心他们遇到的这群人。他们告诉凯拉韦，他们认为至少有 14 辆车正在以搜索模式向他们驶来，“他们知道我们在这里，他们正在搜寻我们”。然而，当凯拉韦再次询问他们是否根据标准确定了积极识别时，他们不得不承认并没有。于是，他再次询问他们是否有撤退路线。结果仍然是有。就这样，由于有预先制定的规程，让一个看起来非常棘手的决策很容易就得到了解决。但是，如果没有制定这些规程，凯拉韦肯定会面临艰难的抉择。

凯拉韦的故事彰显了我们提出的决策第一法则，那就是：**当面对看似需要做出决策的情况时，你的首要任务是弄清楚是否真的需要做出决策。**在我们的生活中，有些事情会给人一种很难抉择的错觉，而事实上，这些事情很可能要么根本就不需要做出决策，要么实际上并不是我们应该做出的决策。例如，一名学生正在纠结是选修 3D 艺术还是纺织课程，却发现实际上只有一个可选项，那么突然之间，他就发现自己根本不需要再纠结了。我们发现，人们经常会因为一些自己实际上无法或无权做出的决策，而陷入这种纠结的决策模式当中。

三种决策方式

我们发现，还有一种方法可以帮助你明确你面临的决策类型，以及你能够采用的决策策略。这就是所谓的“三模态模型”（tri-modal model）。

遵守已有规则。首先，就像凯拉韦在上述决策中所做的那样，根据预先设计好的规则，把“你能做的”和“你应该做的”匹配起来。因此，对于军事指挥官来说，当没有积极识别时，他们显然不应该提供空中支援。这就是章程，也是规章制度存在的原因：它们回答了你“我该怎么办”的问题，这样你就不必自己做决定了。你要学会在生活中以组织政策的形式做出决策。通常，一个组织会通过制定原则、标准操作程序，甚至社会和文化规范来规定员工在某些可预测的情况下应该如何反应。这样做的目的是让你不需要再思考“我应该做 X 还是 Y”，而是去思考“在这种情况下，任何担任我这个职位的人会怎么做”。你肯定在生活中也遇到过这种思维方式——你会经常在组织培训中学到如何通过各种组织政策和程序文件进行决策。这类培训的目的是确保当你在工作场所面临决策时，既不必“选择”如何应对，又能够以最有利于组织的方式进行应对。实际上，早在你做出选择之前，组织就已经为你做出了选择。

从经验中学习。我们可以将这种决策模式视为决策模型：你在其他类似情况下的决策经验可以帮助你在当下做出决策。例如，假设凯拉韦面临的情况没有任何规程可以遵循，但是他仍然不同意提供空中支援，因为（我们猜测）他过去曾遇到过类似的情况，他能够确定不会造成人员伤亡。虽然他做出的决策是一样的，但是他做出决策的这一过程并不取决于外部政策，而是取决于先前的经验。

这里的关键点是，你要根据过去面临类似情况的经历和当下发生的事情来决定该怎么做。这种通过类比做出决策的观点被广泛使用。例如，你作为父母，面临青春期孩子的问题，你可能会根据上次在处理哥哥姐姐发生类似问题时的经验，来决定当下如何采取行动。尽管根据“上次发生了什么”来做出决策看似简单，我们也不应该低估这一策略的重要性。事实证明，根据类比做出决策可以有效预测育儿决策，就像预测美国总统是否决定参战一样有效。[3]

做出选择。这是我们在本书中最关注的决策形式。它以承诺选择一种行动方案开始，并围绕以下问题展开：“在所有这些选择中，哪一个是达到目的的最佳手段？”提出三模态模型的心理学家马文·科恩（Marvin Cohen）和拉阿南·利普希茨（Raanan Lipshitz）认为，决策需要在以下情况中做出实际选择：[4]

1. 该环境下有多种选项。
2. 外部压力（组织或文化）要求你将自己的行动与另一种选择进行比较，从而证明自己的行动是合理的。
3. 决策者的目标之间相互竞争，为了达到最优，必须权衡利弊。

三模态模型很有帮助，因为它解释了我们在研究中遇到的一个令人困惑的现象，即在战争或紧急服务中担任过重要职位的人经常表示，他们在工作时“通常不会做出任何决策”。起初，这很难让人接受，但后来我们意识到，他们所说的并不是他们没有做出任何决策——他们每天都会做出很多决策，而是他们**从未做出选择。**这是为了最小化决策过程中或（通过匹配或 RPD）制定决策后可能带来的巨大情绪混乱。这并不是说其他类型的决策不会涉及冲突，冲突确实存在或有出现的可能性。例如，当伴侣出轨，你最终选择离开时，尽管你知道因为自己永远无法忍受这种情况，才会选择离开，但在做出选择时，你也有可能感受到巨大的情绪冲突。同样，虽然一个警察可能知道为了挽救性命，有时不得不采取攻击性的行动，但在情感上，他也会深受该行动的影响。

选择让决策又增加了一层冲突，因为你不仅要决定应该做什么，还必须主动拒绝另一种选择，以及这种选择可能带来的最优结果。

请你思考一下：在过去的几周或几个月里，你可能做出了一系列决策，在这些决策中，有多少次是你不得不同时拒绝另一个同样有吸引力的选择？这就是决策和选择之间的区别。

我们不应该低估这可能造成的巨大冲突。一位之前专门研究军事创伤，如创伤后应激障碍（PTSD），现在专注于研究道德损伤的临床心理学家告诉我们，她非常清楚这些决策对来访者的心理健康造成了多大的影响。她将这些决策称为“应该、可能、可以的决策”，因为它们给人们留下了让人痛苦的“如果”问题：如果他们选择了另一条路，可能会发生什么。[5]

你可能在生活中也经历过这种情况。当你和一个你觉得不适合的伴侣分手了，结果却花了好几天的时间思考是否有可能找到一种解决你们之间问题的方法。或者你换了新工作，尽管总体上来说你很喜欢这份工作，但在某一天心情不好的时候，或者和老同事一起喝酒之后，你会情不自禁地想象一个世界，在这个世界里，你留在了原来的工作岗位上，得到了晋升，最终一路做到了首席执行官。

选择会带来冲突，让我们不知道该做什么，但做出选择又会给我们带来一个充满“如果”的世界，让我们永远无法释怀。

害怕失去，让决策难上加难

我们不光要做出选择，更重要的是还要做出牺牲，这才是让决策难上加难的地方。人类本能地厌恶损失，研究发现，我们对失去的恐惧，远远大过我们对获得的渴望。[6] 这是因为人类会更加倾向于关注我们得不到的东西，而不是那些我们已经得到的东西。甚至当我们在做一些自己珍视和喜欢的事情时，也会为失去其他机会而感到失落。这种心理现象一般被称为“错失恐惧症”（fear of missing out，FOMO）。

心理学家发现，人们对避免损失的愿望是如此强烈，以至于它成为我们在做决策时面临的最危险的陷阱之一：**惰性。**尽管许多人担心会做出错误的决策，但更常见的情况是根本无法做出决策。在面临一个重大决定时，最危险的情况莫过于由于害怕失去一些你甚至可能根本得不到的东西而停滞不前。我们都经历过这种情况，它表现为几个倾向，这些倾向会导致相同的结果：无法做出决策。这种停滞最显著的表现是：

- 忽略问题。你可能会把困难抛诸脑后，或者决定将其忽略，安慰自己还有其他更重要的事情要操心。
- 一开始考虑做决策，很快又停下来。这种情况经常发生在选择困难到难以应付的时候，感觉此时最简单的办法就是把选择权交给他人。
- 决定了行动方案，但迟迟不行动（这也被称为执行失败）。你已经做出了选择，却犹豫不决——可能是因为没有足够的信心继续前进。

我们希望这本书将为你提供相关知识，帮助你避免这种情况发生。

也许当你读到这里时，你会发现自己也有过同样的经历，也许也面临过同样的选择。这就是为什么惰性的概念以及识别和克服惰性如此重要，因为我们都可能成为它的受害者，它让我们因为害怕失去而无法得到我们真正想要的东西。在接下来的章节中，我们将对此进行更详细的介绍。

1% 关键决策工具箱

DECISION TIME

1. 决策是为实现特定目标而制定的对行动方案的承诺。思考并不等于决策。要做出决策，就必须做出承诺并付诸行动。为了向前迈进，请问问你自己以下问题：

    - 我的目标是什么？我究竟想要得到什么？
    - 如果有多个目标，其中最重要的是哪一个？
    - 为了实现这个目标，我需要采取哪些行动？
    - 为了采取行动，我需要做出什么承诺？

2. 一个关键的决策可能会改变一生。我们说的不是日常决策，而是那些罕见、独特但又非常重要的关于大事的决策。这些决策往往是当你处于人生十字路口时，需要做出的选择。以下是一份清单，列出了可能使关键决策变得困难的因素。如果你对其中几个问题的回答是肯定的，那么你很可能正处于十字路口！

    - 决策的风险高吗？
    - 一旦你做出选择，其后果是不可逆转的吗？（即如果你选择了路径 A，你是否就只能一直走下去？）
    - 任务是否模棱两可？（即没有具体的规程或指导手册）
    - 这种情况是你以前很少面对的吗？（即你没有经验）
    - 是否具有时间敏感性？（即你不能一直等下去，你感觉有事情必须做，但又不知道什么时候做）
    - 它对你和你关心的人有影响吗？

- 是否难以预测结果?
- 是否所有的选择看起来都一样糟糕或一样好，很难做出取舍?
- 如果出了差错，你是否会感到后悔?

3. 停滞在人生十字路口，会带来什么负面影响? 最常见的负面影响是，我们很自然地想留在原地，不选任何一条路。这样做的问题是，我们会变得有惰性，只是盯着前方的道路，却不会选择任何一条路前行。

第2章

比错误决定更可怕的惰性陷阱

看看你周围那些让你钦佩的人所做的决策：也许他们在爱情中抓住了机会，从此过上了幸福的生活；也许他们从高中辍学，开始创业，现在已经取得了巨大的成功。这些重要决策都非常容易让人陷入惰性陷阱，但他们并没有回避、犹豫或不执行，而是采取了行动。

一天下午，原本是要举办一场欢乐的生日派对，结果却是在全世界媒体的镁光灯下以一个艰难的决策而结束。

故事发生在 2018 年 6 月 23 日，地点为泰国清莱府的梅塞。这一天是皮拉帕特·索姆皮安杰（Peerapat Sompiangjai，小名“小夜”）的 17 岁生日，为了庆祝生日，他与当地青年足球队“野猪队”的球员和助理教练艾卡波·赞达翁（Ekkapol Chantawong）一起出去玩。

这些男孩的年龄都在 11 到 16 岁之间，他们骑着自行车，前往他们最喜欢去的地方之一——泰国和缅甸边境山脉下的“睡美人”（Tham Luang）洞穴群探险。该洞穴群长达 10 千米，有许多隧道和岔路，但男孩们对它非常熟悉，他们经常在那里探险。

男孩们原本只打算在洞穴中逗留一两个小时，但过了几个小时，他们还没有回家，家人非常担心他们的安危。一些知道男孩们去洞穴的人，就赶到那附近寻找。直到人们发现他们的自行车，才知道一切担心都已成为现实。在旱季，这个洞穴是相对安全的，但随着雨季的来临，洞穴时常很快就会被洪水淹没。由于被困的年轻人无法脱身，无奈之下搜救人员只能冒险深入洞穴，发现年轻人们被困在离入口约 4 千米的地方，而洪水已经切断了他们与外界的联系。

男孩们的家人们苦苦等待了一周，来自世界各地的潜水员们纷纷前来帮助搜救。在事发 10 天后，2 名英国潜水员找到了男孩们和教练，令人震惊的是，他们竟然还活着。人们很难想象他们在如此艰苦的环境中是如何存活下来的。他们蜷缩在岩架上，没有食物，全靠饮用洞穴壁上滴下来的水维持生命。

然而，现在庆祝还为时尚早，因为显然他们还没有完全脱离危险，最大的挑战还在后面。据预测，几天后将迎来暴雨，如果他们继续留在洞穴里，汹涌的洪水将完全切断他们与外界的联系，很可能会夺走他们的生命。为了保证他们的生命安全，潜水员们冒着重重风险，给他们送去了食物、毯子和氧气罐等补给品。

目前情况危急，救援队队长纳隆萨克·奥索塔纳科恩（Narongsak Osotthanakorn）面临一个几乎难以想象的艰难抉择。同时，全世界的媒体都在密切关注着这件事的每一个细节。从本质上讲，救援队队长有两种选择：让孩子们留在洞穴里，直到季风季节结束，这期间一直由潜水员提供食物、水和氧气；或者，他可以设法把孩子们迅速营救出来。这两种选择都会给孩子们和救援人员带来巨大的死亡风险。奥索塔纳科恩最终决定把孩子们带出去。为此，他给他们注射了镇静剂，并用担架抬着他们穿过迷宫般的隧道。

100 多名潜水员，在上万人的支持下，参与了这项扣人心弦的救援任务。短短 3 天内，男孩们、教练和救援人员都毫发无损地撤离出来。

就在最后一人被救出后的几分钟，洞穴又再次被洪水淹没。这一幕简直令人难以置信，泰国各地的人们纷纷鸣笛和鼓掌欢呼，为这场惊心动魄的救援行动喝彩。

这次救援行动的顺利程度超出了所有人的预料，在任务完成之后，人们对奥索塔纳科恩和他的团队大加赞赏，并为他做出了“正确”的决策而欢呼雀跃。但是，正如所有决策一样，在选择行动并开始救援时，并没有最“正确”的决策。事实上，奥索塔纳科恩面临的情况错综复杂，使得他的选择变得极其困难。显然，他必须为所发生的事情负责，这无疑对他的声誉、职业生涯和整个未来构成了巨大威胁。除此之外，他还面临一连串的个人恐惧：谁能接受由于自己做出的一个决定而使一群孩子和救援人员的性命被夺走这样的事情呢？

作为研究决策的心理学家，泰国洞穴救援事件令我们着迷的地方在于，它囊括了许多阻碍我们做出正确选择的心理障碍，即所谓的“兔子洞”，其中排在第一的是恐惧感。众所周知，恐惧会让人僵化。我们都听说过“呆若木鸡”这样的表述。研究非常清楚地指出，**与决策最密切相关的恐惧是害怕我们会对做出的决策感到后悔。我们最大的担忧不是做出“错误”的决策，而是做出会让我们后悔的决策。**[1]

当然，让我们感到后悔的，不仅仅是我们做出决策之后会发生什么，还包含我们对原本可以选择的其他方案或路径的念念不忘。由此可见，在探索优质决策的科学研究中，一个重大问题又再次出现，即当我们做出决策的时候，需要有勇气来克服内心的恐惧感。接下来，我们将对此进行更详细的分析。

面临决策时，我们为何什么都不做

> 一头饥饿的驴站在两堆完全相同的干草之间，总是选择离它最近的干草。而现在两堆干草与驴之间的距离完全相同，一堆在它右边，另一堆在它左边。驴会选择吃哪堆干草？

上述悖论最初由亚里士多德提出，后被法国哲学家让·布里丹（Jean Buridan）发扬光大，被称为“布里丹之驴”。[2] 在这个悖论中，驴无法决定这两堆食物哪个更具吸引力，于是最终会在犹豫不决中饿死。我（尼尔）最近决定在我们家一只 9 个月大、大约 30 千克重、喜欢所有食物的金毛寻回犬身上尝试这个实验。我先给它一些零食，然后在它开始嚼之前，再给它完全相同的零食。它会立刻吐出嘴里的食物，然后从我手里叼走新给它的食物，这个过程就像钟表一样有规律。接着，我从地板上捡起被遗弃的零食，再次递给它，这个过程会不断重复。惊人的是，我的狗可以在整整 120 秒的时间里一直重复这个过程，而从未真正吃进去任何食物。对于它来说，就像“布里丹之驴”一样，无法在两个同样诱人的食物之间做出选择，也无法拒绝其中任何一个食物，尽管这种犹豫不决的过程意味着它永远也吃不到任何东西。我建议所有家里养狗的读者都尝试一下这个有趣的实验，它会让我们思考我们是如何因为执着于眼前的利益，而失去了本来已经拥有的东西。不过，与人类决策不同的是，我的狗最终会把这两种零食都吃掉，因为它仍是只聪明的狗狗。

这个哲学难题反映了一个常见的现象：**当人们面临同样有吸引力或同样没有吸引力的选择时，他们可能会在选择中无能为力。**许多父母都可能在孩子身上观察到过这种现象。当他们要求孩子选择生日想要什么玩具时，会发现孩子们无法在众多想要的玩具中做出选择。而最终结果就是，无论选择了什么玩具，他们都会感到失望。

作为心理学家，我们发现自己经常会过于专注在行为研究上，即研究人们在遇到某种情况或刺激时会采取什么行为。然而，这意味着我们有时会在研究中忽视人们不采取行动的情况。这就是无为心理学，尽管业界对其关注度要低得多，但是研究人们什么时候不采取行动可能比研究人们什么时候采取行动更重要。

许多人认为，当你做出决策时，最大的“错误”就是做出了“错误的”选择。但我们的经验和研究得出了截然不同的结论：**你能犯的最大的“错误”可能是不作为。**

在决策中，我们会发现自己由于各种原因而变得有惰性。例如，缺乏动机（你不想做出决定）、两个选择都很诱人（选择太多，且都很振奋人心），或两个选择都不怎么样（你要在两个你都不喜欢的人中间选一个共进午餐）。

事实上，也可以说，当我们在面临决策时都会考虑什么都不做。心理学家甚至认为，惰性是一种盔甲或自我保护，因为我们的期望或许是：比起做点什么，什么都不做反而会让我们更少感到后悔。[3]我们两位作者都认为，人们需要理解并克服惰性。因为在我们的生活中，不作为往往会使情况变得更糟，尤其是就长期而言。

未能做出决策的三大因素

这样的情况不只是发生在实验室里，在现实生活中，我们也会经常看到，即使人们非常清楚地知道需要采取行动，仍因各种原因导致行动失败的情况。

我们将这种倾向称为“决策惰性”，即无法及时或根本无法做出承诺行动，其具体表现为拖延决策过程。环顾我们当前面临的一些挑战，决策惰性随处可见。在现实世界中，我们目睹了世界各国由于未能阻止2011年叙利亚内战，导致极端恐怖组织崛起；我们看到当新型冠状病毒感染疫情（以下简称“新冠疫情”）出现时，各国未能迅速调动资源或及时封锁，以阻止疫情蔓延。在我们周围的世界里，我们看到很多人仍在纠结是否改变职业、改善人际关系和生活条件、更改学位课程或行为习惯，尽管他们知道自己应该做出改变。所有这些都是有关惰性的例子，虽然最终结果都是一样（没有行动），但这种不作为的行为却呈现出多种不同的形式。

2010年，我（劳伦斯）与博士生克劳迪娅·范登赫维尔（Claudia van den Heuvel）在一次模拟恐怖袭击中，首次正式提出了不作为有多种不同形式的观点。[4]范登赫维尔、我和HYDRA项目负责人乔纳森·克雷戈（Jonathan Crego）通过使用一种沉浸式的模拟方法，让警察可以驾驭复杂多变的局势、接收实时情报、搜寻更多信息，甚至是与其他单位的警察沟通，来探索他们在极端不确定性中的决策过程。我们使用观察结果、活动录像带、活动后的汇报以及他们自己的决策日志（解释他们如何进行选择的日记）来为我们的评估提供支持。

我们发现，高度的不确定性破坏了警察对决策过程的坚持，导致他们要么不采取行动（完全略过决策），要么采取明确的行动（将选择往后推迟或将其转交给其他部门）。尽管他们很清楚在这类场景下警察的目标是确保挽救尽可能多的生命，而拖延行为会导致他们付出惨痛代价，但他们的行为还是偏离了“拯救生命”的轨道，被定义为“脱轨”，因为根据观察其行为的专家回顾，这些小组成员由于未能及时执行本应做出的关键决策，可能会给调查带来潜在的不利后果。通过类似的研究，我们概括出人们未能做出决策的三大主要因素，接下来将通过一个常见的案例来进行解释。

汉娜是一位 58 岁的英国女性。她结婚 26 年了，有两个孩子，一个 22 岁，一个 25 岁。

和大多数婚姻一样，汉娜的婚姻从来无法用“非常幸福”来形容，日子过得时好时坏。不过，可以肯定的是，自从度蜜月以后，汉娜就一直怀疑嫁给西蒙是否明智。她发现自己怀孕后，很快就和西蒙结婚了，她觉得如果不是因为怀孕的话，自己可能根本不会嫁给西蒙。他们二人有着截然不同的生活背景，而且随着婚姻生活的进行，她再次意识到他们两人在时间观、金钱观、价值观等方面存在着巨大的鸿沟。

尽管如此，像许多夫妇一样，在 20 多年的时间里，他们在很多方面相互交织在一起。汉娜和西蒙都与孩子关系亲密，尽管他们对于养育子女方面有着不同的观点。汉娜认为重要的是给孩子们提供情感上的温暖和安全，而对西蒙来说，重要的是要有足够的钱来养育子女，直到他们走上工作岗位。然而，现在孩子们已经从家里搬了出去，过上了自己的生活。对汉娜来说，这让她的关注点再次回到了她与西蒙的关系上。

对西蒙来说，一切都很好。他往往更专注于工作（他经营着一家连锁车库），而不是家庭生活。就他而言，与人力资源经理汉娜的婚姻已经“足够好”了，他永远不会自找麻烦去离婚。不过，他也不愿意接受汉娜提出的他们应该去接受婚姻咨询以改善现状的建议。基本上，他不是一个为别人着想的人，就他而言，他的婚姻没有什么需要调解的。

然而，对汉娜来说，多年来，她一直在想是否她和别人在一起或独自一人会更快乐。她觉得自己在与西蒙的婚姻中受到了挤兑和欺负，在这段婚姻中他更占便宜。不过，她也知道，如果决定离开西蒙，她将面临巨大的挑战，孩子们很可能会站在西蒙一边，指责她拆散了他们的家庭。

几年来，她一直在思考是否应该离开。因为决定分手是一个巨大且可怕的决定，这一决定有可能会让她孤独终老。但另一方面，她和西蒙的关系并没有让她获得更多的幸福，她也不再相信以后情况会有任何改善。

因素 1：回避决策

回避决策可能是人们未能做出决策的最常见因素之一。我们会以多种不同的方式回避思考，这样做既简单又无须耗费任何认知上的努力；我们只需将疑虑抛诸脑后，把注意力和精力集中在别的事情上。以汉娜为例，在她婚姻的头 20 年里，她完全没有思考过她的婚姻状况。作为双职工家庭，她还带着两个成长中的孩子，这种混乱和压力让她没有太多时间去思考任何潜在的问题或感受，也让她很容易说服自己，现在“不是考虑这个决定的时候”。

在回避决策的情况下，我们会本能地努力说服自己相信我们正在做的事情是对的，而不去考虑我们的行为有可能是错误的。心理学家很早就发现了这种现象，他们将引起的原因称为“沉没成本”：尽管一个行动方案已经不再符合我们的预期，但我们仍会继续投入时间和金钱，而不是考虑我们需要改变的可能性。所以，我们会把难吃的饭菜吃光；我们继续维持着糟糕的人际关系；我们穿着昂贵却不喜欢的衣服；我们把一时冲动买下的房子又重新装修一遍。如果你发现自己有这样的行为，那么很可能你是在逃避某种决策。[5]此外，接受我们需要做出决策这一事实，或许也意味着默认我们一开始就错了。这自然是我们不愿意去面对的。[6]

事实上，在我们的生活中，几乎所有人都曾在某个时刻回避做出选择，但如果这已成为一种习惯，或者如果你这样做是为了逃避一些你明知道很重要的生活抉择，那你就需要正视这个问题了。

你是否发现自己经常试图转移注意力，不去想那些困扰你的事情？你是否会这样说或者想：“先考虑别的事情吧”“以后再说吧”“维持现状比做出改变容易得多”。这样的语句是否时不时就在你的脑海中浮现？除此之外，你是否因为不想接受你一开始就选错了道路或者你当前选择的道路并不理想的事实，所以开始回避思考这些问题？如果是，那你就值得花时间好好探索一下到底发生了什么。在本书后面的章节中，我们会探讨知道何时做出改变的重要性。不过，一想到要改变就开始出现回避行为，正是惰性的一种常见表现形式。

因素 2：多谋少断

决策惰性的第二种形式非常耗费心力——它会分散你的注意力，让你充满忧虑，满脑子都是“如果”的假设，在你试图想清楚自己应该做什么之前，它会占用你以及你的朋友和爱人大量的时间。汉娜有几个要好的闺蜜，她花了很多时间与她们聊她对西蒙、对他们两人的婚姻的感受，以及她是否应该离开他的困惑。她总是会翻来覆去地思考很多事情，每次都会有一个新的故事篇章，供她们一起翻开反复咀嚼。例如，西蒙做了什么，没做什么，他在哪些时刻让人非常沮丧，又在哪些时刻是孩子们的好父亲。

在过去的至少5年时间里，汉娜一直在和她的朋友们重复这些话题，很明显，她很有可能会一直这样持续下去，对于是否要离开西蒙一直在左右摇摆，举棋不定。而这与主动选择留在他身边是完全不同的。更重要的是，她无休止地关注着婚姻以及西蒙在她生活中的位置，这阻碍了她去寻找自己真正想要的生活。婚姻，即使是美好的婚姻，也只是我们生活的一部分。由于无休止的拖延，汉娜的婚姻已经占据了她太多的时间，却无法让她最终得出结论：她到底希望婚姻在她未来的生活中处于什么样的位置。

我们在研究中发现，最常见也是最危险的决策惰性，就像“布里丹之驴”和汉娜的婚姻一样，是对一个问题反复琢磨却始终无法做出决策。[7]我们将这一类的决策惰性称为“多谋少断”，并将其定义为：**对于决策结果进行反复考量，却没有最终结果，导致拖延行为或根本不行动。**

与回避思考问题和维持现状不同（例如，对汉娜来说就是，“我根本不想思考这个问题，我认为没什么大问题，我们先聊别的吧”），多谋少断极大地占用了认知资源。对汉娜来说，其表现可能是这样的：

> 我不想离开他，他是一个很棒的父亲，但另一方面，我又很不开心。我担心这样会影响我和孩子们的关系。不过，也许我可以改进或努力解决问题。但话说回来，还要持续多久呢？但话又说回来，也许我太自我了。莎拉、克洛伊，你们怎么看？

多谋少断是对同一个问题的过度思考，更糟糕的是，它往往是强迫性的。汉娜一直在和她的朋友们谈论她和西蒙的婚姻该怎么办，希望在每一次新的对话中会出现一个黄金时刻，让她突然能够看清前方的道路。当我们陷入多谋少断的状态时，会强迫性地思考未来可能出现的结果和各种各样的“如果”，而实际上当我们花时间思考这些问题的时候，情况已经发生了变化。对汉娜来说，随着年龄的增长，离开西蒙的可能性越来越小，而为自己创造新生活也会变得越来越困难。

你在生活中很可能观察到身边人也有类似的行为。你有多少次听过一个朋友或同事就一个问题翻来覆去地斟酌？他们考虑的内容可能每天、每周、每月都在发生变化，甚至每次都可能做出不同的决定：“好吧，我要留下来”“我受够了，我要离开”。但结果是一样的，从来没有做出任何决策。多谋少断之所以如此诱人且很容易让人深陷其中，是因为它制造了一种好像取得进展的假象，而实际上却一直止步不前。反复思考却不达成解决方案，只会让你一直拼命地在原地踏步。

花点时间思考一下你自己在生活中是否存在多谋少断的问题。如果你一直反复思考可能发生什么，一直想着如果你选择了路径 A 而不是路径 B，会是什么样子、什么感觉；或者如果你在不断地搜寻信息，对于未来即将选择的道路总想要了解更多，那么你很可能正经历着多谋少断。它会占用你的大量精力，会让你感到非常疲劳。你需要通过自我觉察来识别它，然后你要足够强大，承认你已经不再需要更多的信息，而且你也不再犹豫不决。然后，行动起来。

因素 3：执行失败

影响人们做出决策的第三个因素，也是最后一种形式的决策惰性，我们称之为执行失败，这意味着做出了决策，但没有付诸行动。换言之，个人或团体对形势进行了评估，制订了计划，并就如何执行达成一致，但他们没有贯彻到底。

很容易想象汉娜也会发生这种情况：在花了很长时间考虑是离开还是留在西蒙身边之后，她最终决定离开，但没有采取至关重要的下一步，即如何实际做到，以及如何在情感上处理好与西蒙和孩子们的关系。

一个简单的事实是，**决策的意义在于要将其付诸行动。**例如，假设你是一位担心孩子过度使用电子产品的家长，你们一家人讨论并同意周日上午不使用电子产品。尽管家庭中的每个人都同意这个决定，但你可能需要确认是否每个人，包括家长自己，都在坚持执行这个计划。

或者在工作场景中，如果你在一个团队中工作，尤其是当你是这个团队的领导时，你需要检查一个计划是否按照你想要的方式得到了执行，否则你的努力将不会产生任何影响。

回到汉娜的例子，执行失败可能就存在于她决定离开丈夫和实际收拾行李（或让他收拾行李）离开之间。这两者之间存在着巨大的鸿沟，而且可能是整个过程中最艰难的一步，因为决策一旦被执行，就很难逆转。

改变想法很容易，我们每天、每时都在这样做，但采取行动是需要时间的，即使是可逆的，当我们内心不够坚定的时候，就会开始犹豫不决。

执行失败之所以普遍存在，是因为在决策和执行之间，我们感受到的压力最大。对于跳伞运动员来说，最大的压力不是在飞机上，也不是跳下后，而是在当他们决定跳下去但又仍有机会退出时。[8]决策的最后一关，恰恰出现在决策和执行之间的间隙，这是我们最脆弱也最容易执行失败的时刻。

现在花点时间，回想一下你曾面临的一个具有挑战性的决策，或者你认为自己会面临的挑战性的决策。你是否发现自己落入了以上陷阱？你是否回避了问题，陷入了决策过程之中？或者，你是否在内心深处知道自己想做什么，但没有及时或根本没有去做？我们经常发现，只要了解惰性陷阱并学会识别它，就足以帮助人们克服疑虑，及时做出决策。

这就是为什么泰国洞穴救援的案例让人如此印象深刻。奥索塔纳科恩本有可能陷入惰性陷阱，迟迟不做决策，事实上这是很有可能发生的，也是可以理解的。不仅是他所搜寻的范围内存在多个未知的关键因素，比如是否有其他进出洞穴的途径或潜水员是否能活着把男孩们带出来，而且他还受到了非常严格的监督，他思考过程中的每一处细节，都会在事后被人们无休止地放大并讨论。

此外，最重要的是，还有许多生命处于危险之中，已经有 13 条生命危在旦夕，还会有更多的生命因为救援行动而受到威胁。正是由于奥索塔纳科恩没有推诿，才为所有生命的获救开辟了道路。**唯有行动起来，才能使情况得到改善。行动或许会带来风险，但维持原状也同样有风险。**如果奥索塔纳科恩当时没有采取行动，那么当洞穴最终被淹没时，洞穴内的所有人都将失去性命。

看看你周围那些让你钦佩的人所做的决策，也许他们在爱情中抓住了机会，从此过上了幸福的生活；也许他们从高中辍学，开始创业，现在已经取得了巨大的成功。再看看你自己所做的决策，哪些是你最引以为豪的，哪些是你最感到后悔的。

在许多情况下，我们所钦佩的这些人做出的重要决策，都是非常容易让人陷入惰性陷阱的重要决策。但他们并没有回避、犹豫或不执行，而是采取了行动。这就是我们钦佩他们的原因，不作为的代价如此之高，以至于常常成为阻碍我们发挥自身潜力的绊脚石。

决策惰性比决策错误问题更大

正如汉娜的婚姻一样，政治领袖在决策中的拖延可能会付出高昂的代价，并带来惨痛的后果。如果任由事态发展到无法应付的程度，最终可能导致人财两空。例如，在2010年海地地震中，海地当局由于人道主义救援领导不力、组织混乱和救援行动过慢，导致25万人死亡而受到批评。[9] 2012年，英国发生了严重的洪灾，最终损失超过6亿英镑，批评的矛头直指其组织者角色和责任的不明确，以及领导力的缺乏。[10] 在这些案例中，**人们并不是因为做出了错误的决策而被诟病，而是因为没有及时地做出决策。**

当然，新冠疫情也是一个典型的例子。在之后的几年时间里，许多政府都因行动不够迅速而受到批评。正如时任德国总理安格拉·默克尔所说，病毒会惩罚半途而废的人。[11] 在新冠疫情暴发之初，从决策角度来看，出现了一场近乎完整的风暴。德国政府做出选择的时间被一推再推，因为所有的选择看起来（事实上也是）都非常糟糕：要么封锁国家经济，要么看着人们饱受病毒折磨。在这场疫情中，没有任何操作流程或过往经验可供借鉴，上一次如此大规模的疫情发生在一个世纪前。更重要的是，决策风险极高，未来的道路也异常不明朗。

在所有这些情况下，我们在决策者身上发现的最常见问题就是未能及时甚至根本没有采取行动，这也是我们一次又一次亲眼看到的结果。多年来我们一直认为，决策惰性比决策错误问题更大。更容易导致灾难的，是什么都不做。

那么，我们如何才能打破这种惰性，克服我们内心固有的维持现状的倾向，开辟一条通往未知的新道路呢？在下一章中，我们将帮助你审视内心，确定如何在生活中发起你想要的行动——无论这些行动是什么。我们将探索你到底是谁、你最珍视的价值是什么，以及你希望世界成为什么样子。因为克服惰性最重要的部分就是了解我们是谁、我们的感受以及我们想要什么。

1% 关键决策工具箱

DECISION TIME

1. 不要因为害怕决策带来的后果而回避思考决策。当然，你也可以认为当下正处于最好的状态，但如果不去思考，你永远不会知道你是否真的需要改变。

2. 如果你的脑海里有一个重大的问题挥之不去，而你却一直拖延，让自己不去想它，那么就给自己制订一个解决问题的现实、合理的时间计划，然后坚持执行计划。

3. 如果你发现自己正在反复斟酌、犹豫不决，那么你需要反思一下你生活中的关键目标，以向前迈进。不要关注最好的（不切实际的）选择，而要关注最不坏的选择，这样你才可以做出改变。问问自己，你是否已经采取了必要的措施来做你想做的事情，还是你只是制订了目标，却没有将任何计划付诸行动。如果是这样，你就已经卡在了一个十字路口。为了继续前进，请列出一个行动清单，并在执行时逐一划掉。

4. “最不坏”选择优先。为了克服惰性陷阱，你可能需要牺牲一些东西。在某些情况下，这可能意味着为了一个更好的选择而放弃另一个好的选择（你不能既想吃蛋糕，又想拥有蛋糕）；在其他情况下，这可能意味着要容忍两个选项中最不坏的那一个（选项 A 很糟糕，我们想避免它，但选项 B 更糟糕，我们必须避免它）。有时你也可以发现第三个选项，它可能在之前看起来并不是那么明显，实际上却是一个好结果。但如果确实只有坏结果，你就需要评估哪一个是最不坏的结果。

第3章

让你成为你的个人价值清单

决策意味着你要在所珍视的多个事物之间进行衡量，并决定你要放弃哪一个、保留哪一个。这个过程被称为权衡。我们内心深处最害怕的事情之一，就是面对因为牺牲了自己最珍视的东西而带来的损失。

阿梅莉亚已经穿上了病号服，等待着被推进手术室。就在此刻，她决定不做这个手术。是的，她得了乳腺癌。但是，她认为双乳切除术并不适合她，一定还有另一种方法可以解决这个问题。

这是一个令人震惊的选择，但阿梅莉亚并不是一意孤行做出的冲动选择。她的外科医生明白，虽然有时候我们会从“科学”的角度来考虑一个与医疗健康有关的决策，但实际上，这个决策也需要我们进行更全面的考虑。从理论上来说，治疗阿梅莉亚癌症的“最佳”方法就是切除乳房，但实际上，阿梅莉亚和她的外科医生都意识到，手术给阿梅莉亚在自尊和心理上带来的伤害会远远超出手术本身带来的好处。

相反，阿梅莉亚的外科医生同意进行乳房肿瘤切除术，只去除癌细胞，随后进行放射治疗。

那么，阿梅莉亚怎么会直到最后一刻才做出选择呢？她说，回过头来看，她发现自己并没有及早意识到她其实是有选择的。要做出选择，你必须首先意识到自己是有决定权的。起初，阿梅莉亚对患癌感到非常恐惧，她认为自己必须接受肿瘤科团队的建议。直到手术的当天，她与外科医生再次进行了讨论，才意识到可能还有另一种选择。

正如我们所看到的，**弄清楚自己是否有决定权至关重要**，尤其是在涉及健康的时候。这通常意味着你要提出很多问题，包括阿梅莉亚漏掉的一个问题："我知道你建议尽可能选择安全的治疗方式，也许这是大多数女性会选择的一种方式，但还有其他更适合我的治疗方案吗？"

尽管阿梅莉亚直到最后一刻才做出选择，但一旦她确定自己可以做出选择，她就能迅速了解她做出选择所需要的信息。她解释说："我早就知道，乳房对我非常重要。对我来说，失去它们将会是一场灾难。当我最终告诉医生我的感受时，她也同意我不应该进行这场手术，因为其后果将是完全不可逆转的，而且会改变我的一生。"

虽然这是一个重大选择，但阿梅莉亚发现，归根结底，这也是一个容易做的选择。她说：

> 我非常清楚什么对我来说是最重要的，所以我才能够做出这样的选择。家人绝对是我生命中最重要的，所以如果选择保留乳房会对我的生命构成威胁，尤其是如果会带来重大风险，我就不会选择保留。但是，一旦明确癌症并不会夺去我的生命，我就能够考虑我自己的感受，以及对我来说什么最重要。我知道，或许从身体上来说，我需要承担一些复发的风险，但为了保护我的内心感受，我也需要有一些最起码的付出，这点风险算不了什么。

7年过去了，她的癌症没有复发。阿梅莉亚表示，即使将来真的复发，她也知道自己永远不会后悔当初的选择。

对阿梅莉亚来说，做出这个决策的关键在于，**她需要非常清楚地知道她是谁和什么对她来说最重要。**了解自己对有效决策至关重要，这涉及以下几个问题：我此刻的感受如何？我是谁？在这种情况下什么对我来说最重要？虽然这些问题听起来很容易回答，但我们往往没有想象中那么善于回答这些问题，如果我们对自己不够了解，就有可能因为错误的原因而做出让人后悔的决策。让我们更详细地了解一下这一点。

别让身体状况阻碍你的重大决策

2012 年夏天，伦敦警察厅正在为伦敦奥运会做准备。预计将有超过 47 万人从世界各地来到英国，观看来自 204 个国家和地区超过 10 万名运动员参与的一系列体育赛事。那是一个炎热的夏天，幕后的安保工作异常艰巨。

伦敦政府最担心的问题之一是在地铁上发生恐怖袭击的风险，因为地铁上挤满了来往于伦敦各奥运场馆的观众。之所以担心这一风险，是因为在 2005 年，4 名自杀式炸弹袭击者在 3 辆地铁和 1 辆公共汽车上引爆了简易爆炸装置，造成 52 人死亡、700 多人受伤，伦敦因此陷入瘫痪。由于地铁人流密集，无法采用机场式的安保措施，因此经常成为恐怖袭击的热门目标。加之奥运会吸引了众多媒体关注，使得人们认为此时遭受恐怖袭击的威胁比平时更高（当时英国的恐怖袭击警戒级别已经达到“高级”）。为此，伦敦警察厅采用的对策之一就是在高峰时段增派警察在地铁上巡逻。

作为此次警方培训计划的一部分，我们受邀开设了一门“如何在压力条件下进行决策”的课程。课程内容相当简单，它并不是关于如何侧写潜在恐怖分子的复杂内容，而是关于地铁上的工作给警官们带来的压力，以及这些压力将对其做出的决策造成的影响。

我们在课程中做了一个简单的练习，我们先在白板上画了一个空白的“大脑”，然后问受训的警察，他们在巡逻时会遇到哪些压力。一位警官说“天气很热”，于是我们在空白的“大脑”当中用彩笔涂上一小块颜色。“我们穿着很厚重”，另一个人说，我们在“大脑”中又涂上一点颜色。“我连续站 12 小时就会筋疲力尽”，房间后面的一个人自告奋勇地说，我们继续在“大脑”中涂上一小块颜色。“我可能会饿得饥肠辘辘。”一位略显疲倦的警官大声说道。同样，我们又在“大脑”中涂上了一点颜色……在收集了这些压力源和应激源信息之后，我们退后一步，看了看刚才画的东西。刚刚还空空如也的“大脑”现在几乎被各种代表压力的色块填满了。我们问他们：“现在，假如所有这些状况都真的发生了，你认为你的大脑还会余下多少空间能用于复杂决策？”

很多人都忽略了一个重要的现象：**由于我们的身体和大脑紧密相连，身体所承受的压力和紧张会对我们大脑的功能和灵活性造成限制。**

被称为“战斗－逃跑反应”的心理学现象，就是最典型的例子。战斗－逃跑反应被定义为“当生物体感知到危险或生存威胁时所产生的即时生理反应”。[1] 我的一位美国同事用一句话做了总结：压力之下，人往往会变得“反应快、力气大、头脑简单”。

进化并没有使我们的身体在 21 世纪具备高效决策的能力。事实上，进化反而阻碍了我们在本书中所讨论的“决策”。因为重大决策会让人感到恐惧，而恐惧会引发战斗－逃跑反应，由此而产生的身体反应对决策并没有什么帮助。它们会让血液远离大脑，从而使我们更难做出决策。大脑是一个器官，它的运转需要血液。大脑运转的工作量越大，它需要的血液就越多。这就是为什么心理学研究会通过测量脑细胞血流量来评估神经活动，如脑磁共振成像扫描（MRI）。

战斗－逃跑反应只是影响大脑分流血液的一个因素，还有其他影响因素。睡眠不足、饥饿和体育锻炼都会造成同样的结果。研究发现，睡眠不足会严重损害大脑的机能。长时间缺乏睡眠的人会出现反应变慢、出错较多、记忆力下降、注意力不集中的现象。[2] 人在疲劳时也会表现出活动能力和灵活性下降，以及很难产生新想法或解决方案的状况。其他磁共振成像研究发现，被剥夺睡眠 24 小时的人，大脑额叶和顶叶区域的血氧含量降低，而这些区域对制订行动计划和决策至关重要。[3] 大脑额叶整合了动机、情绪、躯体感觉和外部感官信息，从而让我们做出统一的、以目标为导向的行动。它位于神经结构层级的顶端，专门负责对事件进行反应并做出决策。因此，大脑额叶对于决策制定至关重要，如果其运作的过程受到损害，我们就无法做出有效决策，尤其是那些对我们的认知能力要求极高的最不坏决策。

在我们特别喜欢引用的一项研究中，一群睡眠不足的士兵在执行一项训练任务，他们被要求向一组静态目标发射实弹。[4] 然而，研究人员暗中把实弹换成了空弹，把原本静态的目标换成了会动来动去的真人。当士兵们接到命令，准备发射他们以为是致命的子弹时，却惊讶地发现，那些原本应该由纸板剪成的静态目标却变成了真人，并开始移动。

你认为接下来会发生什么？士兵们会惊慌失措，立马放下枪，惊恐地尖叫，以为他们差一点就错杀了真人吗？并没有。参加演习的士兵中，有 60% 的人继续向活靶射击，尽管那些目标还在移动；而在注意到目标是真人并决定停止射击的 40% 的人中，只有一个人提醒了其他人。研究人员指出，睡眠不足和压力过大会降低认知能力，而认知能力在决策中起着关键作用。参与研究的部分被试甚至由于睡眠不足而产生了幻觉。

饥饿和体力消耗也会造成同样的影响。所有这些问题，例如睡眠不足、饥饿和体力消耗，都是影响军事决策的重要因素，因为士兵们经常需要在食物和睡眠都不足的情况下，在陌生的地方四处奔波，做出生死攸关的决策。任何降低大脑可用能量总量的行为，都会减少做出困难选择时需要的可用资源，我们可以称之为体内能量的军备竞赛。现在，虽然我们（希望）只在极少数情况下才会出现战斗 – 逃跑反应，但即使它只是以较轻微的形式出现，也会剥夺大脑可用于运转的资源——你可以想想你看完恐怖电影后的感觉。

与此同时，睡眠不足、饥饿和体力消耗还会导致血液从大脑中涉及复杂认知处理的结构流出，流向其他被认为在此时更有需要的身体部位。你可能经历过这种情况，如果有什么东西让你感到害怕，你可能会感到胃里翻江倒海。这是因为血液从胃里分流走了，流向了其他更重要的部位。再如，如果你曾经因为前车突然停下而立马急刹车，你会因为思维敏捷而幸免于事故，但你同时也会感觉到身体的变化：血液离开大脑，涌向腿部，也离开了胃，因此产生了胃里翻江倒海的感觉。这些身体反应，都是进化的自我在用老办法为你的逃生做准备。

科学家才刚刚开始了解身体对心理的巨大影响，因此，士兵、警察乃至宇航员应如何应对环境中的巨大生理压力并做出有效决策，仍然是心理学研究中的一个新兴领域。这并不稀奇，但它对人的日常生活的影响是显而易见的。你可以从两个方面来理解：急性压力和慢性压力。

急性压力

急性压力是一种强烈的情绪反应，它会让身体做出战斗－逃跑反应。也许你刚刚收到通知要被公司解雇，或者发现你的伴侣有外遇，或者你最好的朋友背叛了你。在这些时刻，你在生理上会有哪些感受？现在想想让你产生这些感受的生理过程：你很可能感到反胃、血液涌向肌肉或双腿发软。现在，你的情绪大脑正在驱动你这艘大船。在这种情况下，如果你正面临着一个可能会产生长期后果的决定，例如，你要对你的老板大发雷霆吗？你要告诉你的伴侣你要离开他吗？你要告诉你最好的朋友你再也不会和他说话吗？那么你需要做一个深呼吸，让自己的身体平静下来，等你的大脑能够完全投入所发生事情的各个层面时，再回来解决问题。

还有一个方法是分散注意力。比如你可以用一个口头禅，在心中不断默念（例如一句童谣或绕口令）。分散注意力是一个很好的方法，它可以让你摆脱迅速升级的焦虑感。另一个方法是呼吸，把手放在嘴边，然后轻轻地呼气，再吸气，然后再呼气，重复三次。如果你真的很焦虑，还有一个办法是尽可能四处走走，这能让血液流动起来，也能帮助你平静下来。

重要的是你要给自己一些时间，让身体恢复到更理想的状态，让自己有时间想清楚接下来会发生什么。我们在本书中讨论的大多数人生决策都不是即刻决策，它们不是你必须在当下立即做出的决策，如开车时为了避开路上的孩子而猛打方向盘。这也是为什么在法律上，冲动杀人（一个男人在发现伴侣和情人在一起的那一刻捅死对方）与一级谋杀

（开车回家，拿了武器然后再回来）是有区别的，因为后者是有机会进行思考和计划的。

慢性压力

目前的一个流行趋势，是通过智能手机中的健康应用程序和佩戴式追踪装置等设备追踪生理健康状况。追踪健康状况可以让我们对自己身体消耗的情况有更深入的了解。有一家公司可以让用户追踪自己每天的“身体恢复”得分，从而让他们准确地了解日常生活中哪些因素会消耗身体机能。该公司指出了健康消耗受三大主要因素的影响：

1. 生理消耗（过量、高强度的工作，工作与休息之间缺乏平衡）；
2. 生活方式（饮食和营养、酒精、睡眠习惯和压力）；
3. 生物因素（年龄、性别和慢性疾病）。[5]

如果这些因素影响了身体恢复，那么它们也会影响我们在压力和复杂情况下的思考能力。你是否曾在宿醉之后参加考试？你是否曾在一天漫长的工作或紧张的通勤之后，被要求明确表述自己的情绪或处理人际矛盾？在这些情况下，你的身体处于紧张状态，这种紧张感占用了你的大脑资源，降低了你做出复杂决策的能力。

为了说明这一点，我们最近进行了一项研究。在这项研究中，我们要求人们做出非常复杂的最不坏决策。只不过，在他们做出决策之前，有一半的人接受了三分钟正念呼吸练习，该练习可以让他们平静下来，集中精力控制情绪，另一半人则听有声读物节选。那些被要求做正念呼吸并思考自己感受的人在做决策时更注重方法，他们希望对情况产生更积极的影响，而不是小心翼翼，总是担心犯错。他们评估情况和选择行动方案的速度也更快。三分钟正念呼吸不仅让人的感受完全不同，也让人的行为完全不同。我们将这项活动的指导语放在了本书附录中，也许下一次，当你遇到特别具有挑战性的问题，或者感觉自己压力过大、不知所措时，你也可以试一试，看看它是否能帮助你掌控局面，或者至少让你能够掌控决策过程。从迈克尔·乔丹（Michael Jordan）到塞雷娜·威廉姆斯（Serena Williams）等精英人士都在使用正念来帮助自己。

我想传达给你的信息是关注你自己的生物学特性。面对决策时，首先要了解自己的感受。你是否能花点时间做一个正念呼吸练习？如果你有更充裕的时间，想想过去一周你的健康状况如何。你睡得好吗？饮食是否规律？是否曾过量饮酒？或者，你是否在连续几天的快餐狂欢之后，又喝了几罐啤酒？昨晚你是否一直在刷手机，直到凌晨 4 点才入睡？如果答案是“是”，那么可能你还没有做好心理准备来做出这个可能改变人生的最不坏决策。如果你一定要这样做，那么你很可能会发现自己陷入了惰性陷阱。

评估你的决策倾向是追求完美，还是接受足够好

从某种程度上说，决策研究是围绕着对不同人格类型和个体差异的理解而展开的。因为人格除了会影响一个人与他人互动的强度（外向性）、独立程度（内向性）、反社会程度（反社会性）、勤奋程度（尽责性）等，还会影响个人高效决策的潜力，尤其是针对那些我们已经明确知道最难做出的决策——最不坏决策。

我是谁

在过去的几年里，我们两位作者与美国和英国武装部队的合作伙伴一起，踏上了寻找“完美的”最不坏决策者之旅。原因很简单，我们希望确保他们招聘、培训和晋升的人是能够做出艰难选择的合适人选。为了解答这一问题，我们开发了一个最不坏决策者模糊情境应急反应清单，我们称之为“路西法”（LUCIFER）。在路西法培训中，参与者将面临一系列情况，他们必须在这些信息不明确，且结果都不诱人的情况下做出决策，并且必须付诸行动。这些决策涉及一系列背景，将决策者置于众多新的、不确定的情况之中。

例如，我们向决策者呈现以下背景：

> 你好，我们遇到了一点情况。我在市中心，有一个孩子在一栋楼的顶部。这栋楼大约有 15 层高。他已经在那里待了几个小时了，现在他威胁我们说，如果我们不把警戒线移动到街上更远的地方，他就会跳下去。我不想激怒他，但移动警戒线可能会威胁到公共安全。你认为我应该怎么做？

当他们做出决策后，我们会再给他们增加一点“剂量”，比如提出这样的问题：“队长，他现在要求我们给他带一个比萨。我们该怎么办？”

这个场景被设计成模棱两可的，目的是不给人们提供他们所需要的全部信息。我们想给参与者设计一些挑战，并激发他们之间出现争议。我们真正感兴趣的不是他们是否决定给孩子送比萨，而是他们如何做出决策、需要多长时间，以及哪些因素可以预测他们的决策能力。

还有一些我们必须要面对的情况。例如，你需要带领学生前往葡萄牙旅行，途中遭遇了一段这样的经历：

> 你是一名带学生去葡萄牙游学的教授。昨晚，一名学生酒后向另一名学生示爱遭到了拒绝。夜深人静时，他发现自己躺在宿舍屋顶的天台上，于是起身把一瓶葡萄酒从顶楼扔了下去，砸在了地上。幸运的是，没有砸到任何人，但这可能是一起非常严重的事件。后来你发现这个学生患有抑郁症，家里还有很多其他问题。按照规章制度，你应该取消他的游学资格，并将其遣送回国，但从长远来看，这样做会影响他的学业，并产生长期的负面影响。

在参与者的回答中，我们发现这样的不确定性足以让人们做出截然不同的反应。有些人觉得这非常容易，毫不犹豫地宣布："把肇事者送回家。"另一些人也很果断，不过他们的决策正好相反："让他留下来，每个人都应该有第二次机会。"还有一些人因为这个选择而感到非常痛苦，因为这其中不确定因素太多，他们无法澄清以下问题："我如果让他留下来，他可能会再犯，甚至下一次情况可能会更糟糕。但是，如果把他送回家，会不会反应过度了，而且会毁掉他的前途？"

这正是我们设计这个问题的意图所在。因为在所有类似的情况下，都没有"正确"答案，事实上，决策者也没有办法知道什么是"正确"的。当他们做出任何一种选择，都可能会对将要发生的事情做出截然不同的解释，而实际上，就像许多现实世界中的决策一样，他们无法确切知道将会发生什么。不过，我们并不是在衡量他们是否做了正确的选择，我们更关注谁能够更好地克服不确定性，经过综合考量后坚定地做出决策。我们还会衡量他们决策的难度，以及他们是否接受风险更高、收益更大的选择，还是会回避有可能造成更大伤害的选择。

在过去的三年里，我们已经让成千上万的人体验了路西法情境测试。我们最重要的成就或许是与美国陆军合作，从全美多个陆军基地收集了 250 多名士兵的数据。虽然这是一个漫长的研究过程，我们需要住在军事基地，从凌晨 5 点开始对士兵进行试验，但它给我们提供了迄今为止最清晰的认识，让我们了解关键人格因素是如何影响人们做出最不坏决策的。

在我们的发现中，一些有趣的事情可能会让你大吃一惊。例如，那些我们认为最有用、最强大的人格变量，其实与军事思维或处理高风险情况无关。相反，它与我们如何选择一部电影、是否切换收音机频道，以及是否扔掉冰箱里刚过保质期的食物有关。

上述问题都与我们在特定情况下试图最大限度地取得最好结果的倾向有关。请看我（尼尔）和妻子几乎每次一起去购物时都会遇到的这个场景。当我们把车开进停车场时，我妻子看到了一个车位，通常都很宽敞，附近没有车。“这有一个不错的车位，你为什么不把车停在那里呢？”她问道。我通常不理她，因为我相信前面商店门口会有一个更好的空车位。多开几秒钟车，可以少走几步路。然而，当我们开到门口时，才发现我原以为是空的车位实际上已经停了一辆小车。我在内心暗暗咒骂这辆小车的车主，同时也尽量不在我妻子说“早就告诉过你了”的时候骂脏话。我把车掉过头来，希望刚才的停车位还在，不过往往都已经被占用了。

我们一直在做这样的决策，试图从某种情况中找到最好的结果，最后才发现这样做根本不符合逻辑，结果适得其反。

让我们设想一个更严重的情况。你住在海外，要回国几天。你很想尽最大努力去拜访过去几年没有见面的亲朋好友。他们每个人都问过你什么时候回国，你也向他们一一承诺回来后会跟他们见面。当你回到家乡，在接下来的七天里，你在全国各地疯狂地开车、走路、乘坐公共汽车和火车，以确保你能见到每一个人。当你坐上回程的飞机时，你感到非常疲惫、恼火和失望，因为你意识到你并没有花足够的时间与那些真正重要的人在一起。而且说实话，说不定你还会因为只能与他们短暂相见几个小时（甚至更短）而得罪了一些人。

哲学家阿伦·瓦兹（Alan Watts）将这类情况称为"逆向法则"，意思是追求一种东西可能会产生相反的结果。他认为，渴望更多积极体验本身就是一种消极体验。相反，接纳自己的消极体验却是一种积极体验。[7]

用流行博主马克·曼森（Mark Manson）的话说，"过于追求积极的结果反而会产生消极的结果，而接纳消极的结果则会产生积极的结果"。[8] 接纳你不可能总是得到最完美的停车位这一事实，能够让你避免因为错过一个还不错的停车位而浪费时间；接纳无法在回国期间见到所有人这一事实，能够让你与那些对你来说真正重要的人有更多时间相处。往往，追求完美的幸福才是我们不快乐的根源。

个体如何处理这个难题，反映在我们称之为"最优者"的人格特质中。心理学家赫伯特·A. 西蒙（Herbert A. Simon）在 1956 年最早提出了"最优"和"满足"之间的区别。[9] 西蒙指出，尽管在经济学领域，"最大化"或"最优化"是一种合理的决策方法，但在实际做出决策时，人们往往缺乏最优化的认知资源或环境条件。因此，最优者是那些不断寻求最佳选择的人，而满足者（最优者的反面）则更能满足于"足够好"

的选择。令人惊讶的是，在与士兵和警察的合作中，我们发现最好的决策者并不是追求完美的人，而是准备好接受“足够好”的人。

我们相信这也适用于我们生活的各个方面。具体来说，他们知道所有的事情最终都会有结果，为了继续前进，有时必须做出牺牲。因为在现实生活中，如果持续坚持“完美”的解决方案，意味着决策者会耗尽时间，从而根本无法做出决策。换言之，那些等待完美的决策者可能失去了选择的权利，因为时间会代替他们做出决定。例如，之前的工作机会不复存在，错过了商业交易的机会，或者因为年龄因素而无法结束当前的婚姻。

让我们做一个思想实验来说明这个问题。请你想象一下，你走进一家冰激凌店，站在柜台里，观察外面的人 10 分钟。在这 10 分钟里，你可能会看到几种不同类型的决策者。有些人每次都会毫不犹豫地选择买同样的东西。有些人走到柜台前，看到菜单上的东西还不错，就买了下来。还有一些人在排队时一直在讨论他们的选择，“我喜欢巧克力片，但我又想尝尝别的东西，但万一我不喜欢呢？”他们可能会一直犹豫不决，当收银员问他们想要什么时，他们可能会更加犹豫：先是一阵慌乱，然后停顿片刻，最后才做出选择。然后，你会看到他们在吃了一口冰激凌后会说：“我还是应该选择巧克力味儿的。”你刚刚看到的就是最优者的行为，他们总想得到更好的，结果却总是得到更差的。

现在花点时间想想，当你在选择冰激凌时，刚才的哪种模式最像你的风格？并不是说我们可以仅凭这一个决定就能预测你的整个性格。例如，我（尼尔）绝对不是一个最优者，但我经常在冰激凌店感到惊慌失措，有一次我带着一个山羊牌奶酪冰激凌新品走了出来，结果那味道太糟糕了。但在所有决策中，平均而言，如果一个人经常试图追求最优化的结果，那么他很可能就是有着最优者人格特质的人。

最优者希望一切都很理想，但事实是，生活从来就没有真正的理想，所以他们最终会让事情变得更难，不仅在决策方面，在很多方面也是如此。例如，研究表明，最优者更有可能自卑，因为他们总觉得不够好；他们的幸福感更低，因为他们认为永远无法达到“真正”幸福的完美状态；他们比其他人更容易对事情的进展感到不满意，因为在内心深处，他们一直在等待那个永远都不会到来的“完美”时刻。[10] 与期望值较低的人相比，最优者也更容易后悔、更不乐观、更贪婪、更神经质。他们不够开放，经常不快乐，总体生活满意度较低，更容易拖延。正如我们已经看到的那样，这可能会成为良好决策的阻碍。我们在研究中发现，在军事环境中，最优者的决策效率较低。他们更难做出选择，而且往往需要更长的时间。而在军事环境下，长时间的拖延往往意味着失败。[11]

相比之下，一个可以接受得到更少的人，往往可以得到更多。这些人正是“满足者”，他们知道完美是不存在的，因此在面临选择的时候，他们不会追求完美，而是去寻找最现实的选择。

那么，你怎么知道自己是不是一个最优者呢？你可以问自己几个问题：当你去吃饭的时候，是否会经常看完菜单上的所有内容，然后纠结该吃什么？你是否会经常花时间幻想自己过上了更好的生活？你是否会经常考虑换工作，即使你对现在的工作非常满意？甚至，在选择观看一部电影或一个节目之前，你是否会花好几个小时浏览视频网站的页面？

如果你发现自己对以上问题的回答大部分是“是”，那么你就表现出了最优者的特质。这不一定是件坏事，我们并非主张你绝对不应该追求最优化。重要的是你知道何时可以最优化、何时不行。当你没有条件进行最优化时，要觉察到自己的倾向，并克服它。以搬家为例，如此重要且耗资巨大的决策不应掉以轻心，也不应操之过急。然而，如果你找了一份新工作，要和全家一起搬到一个新的城市，你的入职日期是 9 月 1 日，而现在已经是 8 月 15 日了，那么你如果还在为了寻找一套有开放式厨房和充足采光的房子而迟迟做不了决定就不是很明智了。

将结果最优化并非一件坏事，但如果你没有足够的时间，或者如果你所处的环境实际上不可能有“最佳”的结果，那么试图将结果最优化会导致更多的痛苦和烦恼。有时候，我们必须知道什么时候我们可以将就、什么时候不能将就。更重要的是，我们需要知道自己何时会屈从于内心的欲望，去追求最优化，尽管在这种情况下这样做于事无补。就像我们把这些最优化量表用在即将上战场的士兵身上一样，在做出一个重大决策之前，思考一下这些也会很有帮助。例如，试图以一种“完美”的方式与某人分手，从而不让任何人受到伤害，这是不可能的，而你试图避免所有人受到伤害的做法往往会造成更多的伤害和混乱。

所以，了解你自己吧。在做决策时，你的个人倾向是什么？你是否经常尽力把事情做到最好？你想取悦除了自己以外的所有人吗？在压力和紧张的情况下，你的天性往往会表现得更加突出，所以，当你要做决策的时候，觉察自己的特质可以让你避免受到消极特质的影响。

一旦你了解了自己，问问自己：我经常犯哪些错误？我是否很难将就？我是否会迷失在细节中，纠结到底哪种选择最好？当你面对一个决策时，问问自己：我能做到最优化吗？如果不能，我需要在什么时候停止追求绝对的好，而满足于足够好的东西？

什么是你永远不会牺牲的价值

当我（尼尔）完成博士学位论文关于决策的最后几章时，我决定休息一下。这时，我偶然发现了马克・曼森的《不在乎的微妙艺术》。[12] 在该书的第 1 章中，我发现曼森和我说了同样的话，他关注的是如何克服怀疑和恐惧，而我关注的是士兵如何处理战争中的复杂情况。他在开篇写道，“不在乎的艺术”并不意味着漠不关心，而是关心比眼前的事情更重要的东西。换句话说，去改善那些比眼前的困难更重要的方面。

这种观点是对我们的理论更简洁、更直接的一种表达，即士兵们如何能够做出那些最艰难的决策，在这些决策下存活，甚至茁壮成长。我们理论的重点在于我们所说的“神圣价值”，即你非常在乎的东西，你愿意为此承受苦难，甚至牺牲其他对你来说也很重要的东西。

我曾经采访过一名美国士兵，他告诉我，一次在与敌人交火 24 小时后，一名高级军官命令他进入山区展开搜索，并清点尸体。也就是说，这位军官希望士兵们在黑暗中深入山区，计算他们杀死了多少敌人，以便向总部汇报。这名士兵告诉我，他是如何在几秒钟内权衡了部下的安全和他 20 年的军旅生涯，最后告诉军官他拒绝执行命令，并带领他的队伍返回基地的。用他的话说：

> 谈到思维僵化，我当时并没有僵化。有一瞬间，我在想：“完了，我的军旅生涯就这样结束了……”我说：“好的，长官，事情这样安排，戴着这个臂章的人（他指着自己的手臂）上车，离开这里，因为这里不安全。戴着这个臂章的人（他指着高级军官的手臂）留下，跟你上山。”

当时，那位高级军官怒气冲冲，直接当着他的面开始咒骂、威胁他，说他不服从命令，要对他提出指控。这名士兵看着他说："好吧，你做你该做的，长官，我做我该做的。"然后他看了看他的队伍说："上车——我们离开这里。"然后所有人都上车离开了，包括一些高级军官的部下。

此后，这位士兵并没有因此丢掉工作，他在军队中的职业生涯依然辉煌。他的假设是，事后这位高级军官会意识到自己的命令是徒劳的，所以不会去报告他违抗命令的行为。但在那一刻，他完全、彻底地坚持了自己的选择，即使他知道这样做可能导致自己以非常不光彩的方式被开除军籍。你能想象一个人对自己非常在乎的一件事，能够做到如此毅然决然、不顾后果吗？一个人能够如此忠于自己的价值选择，真是令人羡慕！因为当你面临最不坏决策时，如果能强烈地感受到内心价值，你也就释然了。**这些价值以及你内心对价值的坚定为你指明了方向，让你知道什么可为、什么不可为。**

事实上，我们每个人都有自己的价值追求，但我们往往不知道哪些是我们最重要的价值。仅仅弄清楚哪些价值对我们来说最重要还不够，我们还需要对价值的重要性进行排序。

有些人在找到一份离家很远的工作时，能够毫不犹豫地收拾行李，离开家人，开始一场冒险。对于他们来说，自我实现在他们的价值序列中高于与家人的亲近。而对有些人来说，与家人保持亲近的价值永远胜过冒险和远离家乡。他们可能也会去外国旅行，但对他们来说，和家人在一起生活的地方才是家。

为了提高决策效率和速度，我们能够做的最好的准备，就是提前思考清楚，我们最在意什么，什么是我们生命中最重要的东西，即使面对最艰难的决策也是如此。这是我们在面临重大决策之前可以做、也应该要做的工作。而且，它对我们生活的各个方面都有实际帮助。有了价值等级，知道什么是我们认为最重要的，什么是我们的“神圣价值”，有助于我们成为一个更高效的沟通者，因为我们可以从一开始就能更清楚地评估形势，并能更加快速、轻松地选择最适合自己的道路。

当面对决策时，人们往往容易被太多的重要因素淹没。举个例子，假设你有一个年幼的孩子叫卢克，今年 7 岁。卢克已经上学两年了，交了几个朋友。然而，他的一个好朋友最近离开了。虽然他和剩下的两个好朋友玩得还不错，但他还是会因为失去那个好朋友而感到痛苦。此外，你还注意到学校的教学质量大幅下降，对孩子们的关心和照顾似乎也减少了。很快，你家附近会再开设一所新学校，但这至少还要等一年的时间。

你计划等那所新学校开学时让卢克转学过去。现在，你考虑让他转学完全是因为他没有以前那么快乐，因为他失去了最好的朋友，不过，他还需要在那所学校继续待一年。如果这附近还有其他学校，你和伴侣也会考虑，但是没有。最近的学校至少有 45 分钟的路程，如果遇上堵车，可能时间更长。然而，当你们一家三口去参观这所学校时，你们都认为学校很漂亮，规模更小，环境亲切，教育氛围非常好，那里的孩子们看起来很开心。不过，你既担心卢克离开原来学校的朋友，在这里交不到新朋友，又担心如果他在现在的学校再待一年，可能会对他产生不利影响。你打算怎么办？

在这种情况下，你需要考虑各种各样的问题，并按优先顺序将其进行排列。你可以自己先想一想，我们简单列举如下：

1. 卢克的学习成绩。

2. 卢克的幸福感。

3. 卢克过去的朋友以及他们的友谊是否能够持续。

4. 距离。

5. 卢克在一年后还要再次转学。

这里没有对错之分。对一些父母来说，维持卢克与现在的朋友之间的友谊可能是最重要的，而对另一些家长来说，确保他的学习成绩不受影响才是最重要的。

因此，你要如何驾驭这些相互竞争的价值选项和优先事项，并做出对你来说最合适的决策呢？**你需要识别什么是你的“神圣价值”，也就是说，哪些是你永远不会牺牲的价值。**你或许知道这些价值是什么，或许能通过直觉感知到它。如果不知道，你可以问自己一些问题，来帮助你识别神圣价值。例如，问问自己：随着时间的推移，我对价值或立场的看法会变化吗？以前变过吗？以后会变吗？或者，我愿意在这种价值上做出一些牺牲吗？我需要放弃一些我真正想要的东西吗？

如果你对这些问题的回答是“不会”，甚至是“完全不会”，那么你已经找到了你的“神圣价值”。

在过去的几十年里，心理学家已经指出，“神圣价值”指导着我们无法用理性解释的各种行为。[13] 如果某些东西对我们来说是神圣的，我们会不惜一切代价去保护它，甚至会到失去理性的地步。保护对你来说很重要的价值是至关重要的。想象一下，如果你决定把卢克转到新学校，三天后，他坐上校车，充满了沮丧和愤怒。他说十分想念他原来的学校和朋友。他很生你的气，因为你强迫他转学。你知道自己是出于正确的理由，做出了正确的决定，这将能够帮助你在遇到短暂的挫折时保持内心坚定。因为你清楚地知道，用不了几个星期，卢克就会融入新环境，结交新朋友，进入一所从长远来看更适合他的学校。

正确对待自己是决策的核心支柱。心理学家越来越认识到，与价值不符的行为可能会带来巨大的心理创伤。当我们想到军人和其他在极端环境中工作的人们所面临的创伤时，通常会想到在前线工作所造成的身体创伤。但心理学家越来越多地看到了长期创伤的影响，这种创伤源于做（甚至只是看到）违反我们自己神圣价值的事情。美国国家创伤后应激障碍中心的临床心理学家布雷特·利茨（Brett Litz）将其称为“道德损伤”，是指某人实施、未能阻止或目睹严重违反道德信仰的行为。正是这种经历导致了长期的负面情绪、心理、行为、精神和社会后果。[14] 道德损伤与一系列负面情绪、社会和心理后果有关，如抑郁症、创伤后应激障碍和酗酒，它源于人们无法克服自我认知与自己所做的决策或行为之间存在的认知失调。

道德损伤不仅仅发生在军人身上，也会出现在护士、医生和警察身上。我们将在第 8 章中讨论如何提高心理韧性，但就目前而言，你只需要知道，遵循你自己的价值选择是对你最好的保护。

这就是为什么知道自己真正在乎什么确实非常重要。它不仅可以指导你行动，还可以保护你免受负面情绪的影响，因为有时候你无论做什么都会体验到负面情绪。如果你选择与伴侣分手，离开这段关系，但是你知道自己做的是正确的事情，那么你很快就能够复原并继续前行。如果你决定生活在离家人 8 000 千米以外的地方，那么记住你正在追逐你一生的职业梦想，这会让你在想念家人的时候不至于那么难过。如果你选择从公司辞职，离开与你共事多年的同事，那么相信自己会在新组织中发光发热，这将有助于你更好地度过离开他们的日子。

价值引导着我们，也保护着我们。当我们行动过后才意识到我们遵循了错误的价值，或者更糟的是，遵循了我们以为很重要，而实际上并非我们自己的价值时，我们往往会为自己的所作所为感到挣扎万分。这就是为什么当你面对生活中的艰难抉择时，不只是要问自己什么最重要，还要反思什么对你来说是神圣的。在做决策时，你必须绝对保护的价值是什么？

认清价值，了解我们内心最珍视的东西，是决策的核心。认清价值之所以关键，是因为正如前面提到的，决策的重点并不在于未来可能会发生什么，而在于当下我们认为什么最重要，基于此而决定下一步迈向何方。忠于自我至关重要。事实上，大量研究表明，当一个人为一个决策而感到后悔时，更多是因为感觉自己背离了价值，而不是因为事情的结果。[15]

直面内心深处最害怕的损失

正如在本章开头所描述的，阿梅莉亚在决定使用哪种方式治疗癌症时发现，选择是由价值驱动的，价值决定我们的取舍。我们可以接受什么，不能接受什么。如果价值序列清晰，你就会发现自己很容易知道哪些价值是绝对不能够交换或舍去的，这几乎可以说是自动完成的。这些不可侵犯的“神圣价值”比其他价值重要得多，试图在它们之间进行权衡，就会导致负面情绪反应，包括自责、内疚和回避。较小的价值被称为“世俗价值”，它们很重要，但并非神圣不可侵犯。以下是一些世俗价值的例子：

- 从不迟到。
- 始终保持文件及时归档。
- 当你的孩子放学回来时，停下工作和他们聊天。
- 对邻居有礼貌。

决策意味着你要在所珍视的多个事物（你的“价值”）之间进行衡量，并决定你要放弃哪一个、保留哪一个。这个过程被称为权衡，可以分为三种不同的类别。

第一种是“常规”权衡，即两种世俗价值的相互对立。也许当孩子回家的时候，你恰好进行到一个项目的重要节点，这时候我们很容易会忽略陪孩子这一价值，或将其推迟到工作完成之后，因为你需要在关键节点前让工作顺利完成。

第二种是所谓的“禁忌”权衡，它发生在世俗价值与“神圣价值”对立的时候。比如说，当你在匆忙赶往一个重要约会的路上，你看到在道路前面不远的地方，一位老人摔倒在人行道上。此时，你关于“准时赴约”的世俗价值立即被你“帮助有需要的人”的神圣价值所压倒，即使停下来帮忙会让你迟到。

这两种权衡很容易协商，但接下来我们来要讨论的第三种权衡是最棘手的类型，它几乎自成一类，被称为“悲剧性”的权衡，因为它涉及在两种神圣价值之间做出选择，这使得决策变得异常困难。

回想一下我们在第 1 章开头讨论的隧道场景，之所以会出现如此痛苦的选择，是因为每个选择都涉及我们认为的神圣价值，即我们需要不惜一切代价保护人类生命。但在此情况下，我们付出的代价本身就包含违背神圣价值的风险。通常来说，悲剧性的权衡就是我们所说的“不可能情况”，即无论采取何种方式，我们都有可能最终承担违背神圣价值的行为后果。

在这些情况下，决策是最困难的，也最有可能出现惰性，我们认为这是成为精英决策者面临的最大障碍，因为我们会尽量避免牺牲我们最珍视的东西。我们内心深处最害怕的事情之一，就是面对因为牺牲了自己最珍视的东西而带来的损失。因此，为了避免面对这种失落感，我们宁愿把两个选择都抓在手里，却没有意识到这样做等于放弃了选择，最终失去了改变事态发展的所有机会。

来看一个我们在企业培训中经常使用的例子。请你想象一下，你是“高效运营公司”的首席执行官，这是一家你两年前斥巨资创办的公司。这家公司主要开发培训计划和培训平台，以提高员工绩效。劳埃德是一位统计学家，自公司成立以来，他一直在公司工作。劳埃德非常聪明，能够对创新计划的有效性进行复杂的分析。他也是工作最努力、最忠诚、最受欢迎的员工。然而，劳埃德在个人卫生方面有一些问题，之前有几名员工在会议后背着他议论过这个问题。你不确定劳埃德是否意识到了这一点，但你已经注意到，他在演讲时越来越没有自信。

在过去的一年里，你与一家社交媒体咨询公司埃斯特里弗建立了合作伙伴关系，在他们的帮助下，你公司的利润率增长了 235%，并因此招聘了 15 名新员工。然而，鉴于最近金融市场的不确定性，埃斯特里弗正在考虑终止两家公司之间的协议，理由是担心他们自己的投资回报。你的老板们已经非常清楚地告诉你，这是迄今为止最重要的一场会议，会议进展将直接决定他们对你的看法。

你将与埃斯特里弗的高层领导会面，劳埃德负责你们汇报内容中最关键的一部分。会议开始前 10 分钟，你公司的一位同事找到你。她是你的好朋友，但也是劳埃德未来晋升岗位的直接竞争对手。她走进你的办公室，说她非常担心劳埃德。她说早些时候从他身边走过时，感觉他的个人卫生比平时还要差。他看起来蓬头垢面，衣衫不整，而且身上的味道很刺鼻。你有 5 分钟的时间来决定该怎么做。

虽然这个决策表面看起来不难，但你会惊讶地发现，有很多人在这种情况下会很纠结。如果我们加上劳埃德的身份信息，情况就会更加明显。劳埃德来自一个贫穷的工人家庭，有五个兄弟姐妹。劳埃德在学校里努力学习，是家里第一个考上大学的人，学习的同时兼职三份工作。他有良好的道德品质，因为他努力回馈父母，为他们提供更好的生活，尤其是自从他的父亲一年前被诊断出患有心脏病以来，劳埃德会在下班后仅有的时间照顾他。

此时此刻，这个决策变得异常艰难。一方面，你们有一个必须要做的演讲，关乎你们最重要的合作伙伴，以及你直接负责的工作。另一方面，劳埃德是一个工作非常努力的人，也是唯一一个对数据足够了解并能够进行汇报的人，他可能已经抛开了各种个人事务和压力，准备进行演讲。想想你的价值，你既想做对自己、对公司、对未来和对家庭最有利的事情，又想做一个好朋友、好同事，想要保护劳埃德。

在这种情况下，你知道自己想要什么，但真正困难的是你要决定牺牲什么。如果你知道你必须告诉劳埃德他不能进行汇报，你还能若无其事地走进会议室吗？或者如果你明知道保护劳埃德和他的职业生涯可能会危及你自己的职业生涯，你还能允许他进来吗？正是这种价值的并置使决策变得如此困难。当涉及这类权衡时，你必须知道自己究竟在权衡什么。这在当下并不容易，但正如我们上面强调的那样，有时你需要做个深呼吸，冷静下来，克服眼前的压力，专注于这个决策中真正重要的地方。

在许多情况下，决策实际上反映了我们那些不能被轻易放弃或交换的个人价值。

现在你对权衡以及它们如何影响决策有了更多的了解，想想它们在你的生活中是如何发挥作用的。你可能已经围绕常规权衡和禁忌权衡做出过自动化的选择，但提升对事情的觉察，能帮助你在某些情况下更快、更果断地采取行动。当涉及悲剧性的权衡时，重要的不仅是知道发生了什么，还要认识到这会给你的生活带来什么影响。面对悲剧性的权衡，你总是会感到痛彻心扉和难以释怀。请善待自己，给自己一些时间来化解这些情绪。

1% 关键决策工具箱
DECISION TIME

1. 不要忽视你的身体状况——如果你不注意最基本的东西，如饮食、锻炼和睡眠，你的决策能力就会受到影响。重要的不是你要做得多好，而是要对此有所重视，因为大脑是身体的一部分，也会受到生物效应的影响。

2. 想象那些让你成为“你”的因素，包括个体差异、个性以及你的价值和信仰体系。为了优化决策方式，你需要对自己的价值和想法进行真实的评估。如果不能清楚地说出你最关心和最看重的是什么，你就无法确定关键目标的优先顺序。我们建议你先了解自己是最优者还是满足者。如果你是前者，你就能意识到自己容易拖延；如果你是后者，你就会知道自己有冲动的倾向。

3. 了解自己的倾向性何时是优势、何时是阻碍。做一个最优者没有错！但是，如果你只有 3 分钟的购物时间，那此时就不是寻找最佳停车位的时候了。通过了解自己的性格特征，你就能识别它们是优势还是阻碍。

4. 认清你的核心价值，因为这些价值会影响你如何将一项决策（神圣价值）置于另一项决策（世俗价值）之上。在面临关键决策时，一定要写下你在决策中的价值取向。在你的价值清单中，看看哪些问题可以妥协、哪些不可以。后者是你的神圣价值，如果它们相互冲突，你就需要将它们分开，以避免由于决策惰性造成的拖延。

CISION

TIME

第二部分

STAR 模型：决定大事的四个步骤

第 4 章

何种场景：良好决策的第一步

人类偏好讲故事，因为故事能帮我们理解各种不确定性，我们也会创造故事来填补不知道的空白。然而在现实生活中，我们创造的故事有着更深远的影响，而且我们不能回放，看看我们第一次错过了什么；我们也不能瞎猜，发现我们错了，然后重新评估，再试一次。因此，我们如何讲述关于这个世界的故事，以及我们从中得出什么结论，至关重要。

韦布首先注意到的是那件衬衫。

纯白的，洁净的衬衫。

“太白，太干净了。”他脑海里有个声音说。

前一天晚上，他正在吃晚饭，手机上突然出现了一个陌生的号码。他接起电话，一个男人的声音传来，说他有情报要提供给美国人。

韦布是一名美国陆军少校，正在阿富汗执行任务。电话那头的男子被军方称为“举报者”，即自愿提供信息的公众。韦布和他聊了几分钟，并表示会给他回电话。按照军方处理“举报者”的标准程序，他们通常会被带到基地进行审讯。

韦布和同事们策划了一个接应计划：他们要求举报者在特定的时间出现在特定的街道上，一旦举报者看到韦布，他需要发出预先约定好的信号，然后举起双手，接受全身搜查。随后，他会被带上车，送到基地进行面谈。举报者一出现，韦布就清楚地知道这是他要找的人，但他没有发出他们约定的信号，而是径直走向他。在这一瞬间，韦布察觉到了一些让他感到不安的东西，尤其是那人身上的白衬衫。韦布向我们解释道："在阿富汗，尽管每个人都穿白衣服，但实际上从未保持过真正的洁白。因为尘土飞扬，天气炎热，所以白色衣服总是很脏。"然而，这位举报者却穿着洁白干净的白色衣服，这一反常的细节引起了韦布的警觉。

警铃响了，韦布命令士兵们强行将举报者推倒在地，进行搜查，但就在此时，另一件事情发生了。停在街对面的一辆越野车的车灯突然亮了，随即开始向他们驶来。

事后回想起来，韦布意识到他已经发现了那辆越野车。"在那个地区，这辆车看起来非常漂亮，而且它的车窗是有色的，这在阿富汗并不常见。"

此时此刻，韦布已经意识到，他和团队成员有可能遭到袭击，越野车可能会碾过他们，甚至更糟的是，里面可能装满了炸药。在这一瞬间，他不得不做出选择：是冒着杀死方向盘后一名无辜平民的风险，向迎面而来的汽车开枪，还是不采取行动，让他团队中的每个人和附近路人的生命受到威胁？

韦布的困境是士兵们经常面临的生死抉择，尽管我们大多数人都不是军人，也永远不会成为军人，但我们可以从他们的选择方式中学到东西。

关键要明白，韦布所做的，以及他认为正确的事情，都是基于他对正在发生的事情的解释。他如何将所有这些不同的事件（电话、举报、越野车和现在的情况）联系在一起，以形成他对正在发生的事情的理解。

韦布是一名真正的军人，我们在研究士兵如何在压力下做出决策时对他进行了访谈。他亲历了一件真实的事情，据他所说，这是他在多次部署中面临的最艰难的决策。他非常清楚这种情况下的利害关系，虽然他知道在法律上自己可以开枪，但用他的话来说：

> 在我心中，另一个我在想，如果我开错了枪，这不仅可能会结束我的职业生涯，还会让我在知道自己杀错人的情况下度过余生。如果我轻率地做出决策，我不知道会让其他人对军队留下什么印象。最终我没有开枪，我也不认为其他士兵会这样做。当你不再关心是否会伤害无辜的人时，你会变得麻木，我无法想象如果我对这个决策感到麻木会发生什么。事实上，直到今天这个想法仍然困扰着我，就是曾经有那么一瞬间，我有可能射杀了那个人，如果他是叛乱分子，那就太棒了。但如果他不是，我简直无法想象，我的脑海中会时常浮现出他的家人。因此，这是一个极其艰难的决策。

故事是决策的起点

人类偏好讲故事，在外在世界是如此，在我们的内心世界也是如此。当我们徜徉在内心世界之中时，会发现自己在不断地讲述和创造故事。例如，当有人对商店里的店员无礼时，我们会在内心通过讲故事来解释这一行为，告诉自己这个人是谁，他为什么会这样。甚至会想象一个未来发生的故事，在这个故事中，想象他们会因为自己的行为而受到惩罚。我们通过故事，告诉自己我们是谁，以及我们在这个世界上的角色和定位。

故事对我们很重要，因为它们帮助我们理解作为人类的不确定性，填补我们未知的空白。故事是我们理解周围事物的方式，这就是为什么故事是STAR决策模型的第一阶段，因为故事是决策的起点。理解周围环境的“意义”是人类的核心需求，因此，心理学家尼克·查特尔（Nick Chater）和乔治·卢温斯坦（George Loewenstein）强调“意义内驱力”的存在，这种内驱力可与食物、水和性等其他驱力相媲美。[1]这种与生俱来的内驱力，就像我们其他的所有驱力一样，不断驱动我们的行为，指引我们理解周围的事物和环境存在的意义。

你玩过桌游《妙探寻凶》（*Cluedo*）吗？在这个游戏中，你需要解析一系列线索，以便缩小范围，逐步揭开真相，找出凶手、凶器和案发房间。游戏一开始，你几乎没什么线索，只会得到一些信息碎片，但你要根据这些信息碎片努力找出更多的线索。在某个时刻，你认为自己解开了谜题。你的心跳加速，越来越相信你确切地知道中间是什么牌。你满怀信心地做出了预测，就在那时，底牌华丽亮相，你期待着胜利的那一刻，然后，你被告知你猜错了，你输了这场游戏。

这恰好与我们理解事物的需求背道而驰。我们经常被引入误区，在了解真实故事之前，我们往往会被引入误区。现代媒体经常利用我们喜欢编故事这一特点，来让我们感到惊讶和震撼。在看电影的时候，你曾经有多少次原本以为自己已经知道发生了什么，但当真相被揭露时，却感到大吃一惊？例如，在看电影《致命魔术》（*The Prestige*）时，你是否在大结局之前就破解了克里斯蒂安·贝尔（Christian Bale）的魔术？在电影《我们》（*Us*）中，你是否在谜底揭晓之前就预感到了故事会有转折？

如果是与朋友一起玩桌游，除自尊心受到一点挫折之外，妄下结论并没有什么害处。如果是看电影，我们越是投入到错误的故事中，后面在结局揭晓的时候效果就越好。我们常常会用“结局让人始料未及”这样的话来形容一部好电影，然后马上重看，看看我们之前错过了哪些线索，或者遗漏了哪些信息。不过，我们知道，我们永远不会像第一次看这部电影时有一种被欺骗的快感了。

然而，现实生活却完全不同。在这里，我们创造的故事有着更深远的影响，而且不能回放，看看第一次错过了什么。我们也不能瞎猜，发现我们错了，然后重新评估，再试一次。因此，我们如何讲述关于这个世界的故事，以及我们从中得出什么结论至关重要。对于韦布少校和我们所有人来说，如何根据手中掌握的少量线索解读重大事件，以及如何基于这些线索采取行动，将是伴随我们一生的难题。

本章的目的是向你展示讲故事的心理过程及其在决策中的重要作用。我们希望你能够了解这一过程是如何运作的，又是如何分崩离析的，这样你就可以走上一条正确的决策之路。

新手决策者们经常犯的错误是一开始就错误地分析了情况，却还要一直坚持在这条路上继续走下去，甚至投入更多。相反，精英决策者们则思想更为开放，他们接受这样一种观点，即他们所看到的现象可能有多种解释，他们不会根据单一诊断就马上行动，而是会花时间去弄清楚自己确切地知道哪些信息。

在本章结束时，我们希望你能够像讲故事的专家一样思考，这意味着你在下结论之前，要确定自己已经思考并努力想象过所有可能的结果，而不仅仅是根据脑海中出现的第一个想法匆匆下结论。

善用情境意识，理解眼前发生的事情

情境意识是决策的重要组成部分。通俗地说，就是“你需要弄清楚到底发生了什么”，这是情境意识的第一个阶段，加上深入了解和评估情境，共同构成了情境意识的三个不同的阶段，主要包括：

1. 了解已经发生了什么。
2. 了解为什么会发生这种情况。
3. 据此预测接下来会发生什么。

看起来很简单，对吗？但实际上，无论是在充满未知的军事环境中，还是在普通人的日常生活中，情境意识都是复杂且至关重要的。比如说，有一天你的伴侣回家时出奇地安静；你的好朋友接连几个星期都没有给你发消息；你的老板没有给你发邮件告知他之前提到的晋升问题。在所有这些情况下，并没有“简单”或“确定”的故事，但我们如何处理我们头脑中讲故事的过程在决策中起着重要作用。你是会暂缓判断，先探究一下可能发生了什么事情？还是要立即做出最坏的判断（在本例中，最坏的判断就是“他们都讨厌我”）？

在大多数时候，很多决策都没有一个完整的图景。你必须基于经验和本能去寻找线索，如果时间紧迫，你必须做好准备在没有完全找到所有问题答案的情况下做出决策，因为时间已经不够了。这是许多人觉得最难衡量的一点，他们认为，因为他们知道的不够多，所以无法做出决策。但我们要说的是，如果你什么都不做，那么决策将会自行帮你做出选择。好的决策需要你练就某些技能，其中之一就是对周围发生的事情保持敏锐的洞察力。

让我们回到韦布少校的例子。在情境意识的第一阶段，他需要识别正在发生的事情，这意味着他要寻找正在发生或可能发生的事情的线索。他马上注意到街上的举报者看起来很奇怪，尤其是他的穿着异常干净，这很不寻常。然后是越野车。虽然他不知道到底发生了什么，但他本能地知道有些事情似乎不太对劲。更糟糕的是，韦布最近与一些朋友进行了交谈，他们被一辆携带简易爆炸装置的车辆撞倒。他们提起那起事件时，说的一句话是“事情看起来不对劲”。

在第二阶段，韦布试图拼凑出他正在经历的事情：一个举止怪异、穿着可疑的举报者；一辆表现异常的汽车，在举报者摔倒在地的那一刻驶出了停车位。这是怎么回事？韦布是一名在战区执行任务的军人，所以他能敏锐地察觉到自己可能会受到攻击。正如他自己说的，在这种情况下，他发现事情并不像他所预想的那样。

第三阶段是决策中最关键的阶段，因为它直指决策的核心。这是一个最重要的问题：接下来会发生什么？在这种情况下，韦布在脑海中预测，可能即将发生一场非常严重、致命的袭击，在这次袭击中，附近的士兵和其他人，包括现在倒在地上的那个人，都有可能会死亡或者受伤。

最终，韦布没有开枪，他是对的，因为越野车上的司机实际上是他要见的那个人的邻居。这位邻居对举报者心怀不满，想吓唬一下这个举报者，却不知道他选择的策略与叛乱分子想要杀人的策略如出一辙。但韦布并不知道这一点，他不得不利用仅有的一些线索，迅速确定故事情节并做出决策。

在看完韦布经历的情境意识三阶段后，我们从中学到了，在事情偏离正轨时，应该如何对正在发生的事情进行评估。在军事术语中，韦布所谈论的内容通常被称为“生活模式”，它是我们在某时某地对应该会发生的事情的本能反应。它对决策的帮助非常大，通过提前知道应该会发生什么，我们就能够及时发现那些原本不应该发生的事情。即使我们并不知道实际上发生了什么，但是我们能够觉察到情况不妙也是至关重要的，这样我们才会开始收集信息。如果你愿意的话，它可以成为你的早期预警系统。我（尼尔）在英国的一家科学实验室工作时，通过对士兵进行的研究发现，他们的生活模式往往是在部署过程中发展出来的，而且部署时间越长，生活模式发展得越快。[2]

你可以使用“生活模式”这一概念来帮助你对情境进行评估，从而确定是否出了异常情况。例如，想象你在早上 9 点去上班，你会预期路上有很多人，无论是高速上、地铁上、办公室，还是回家的路上。当你下班回家时，你也会有同样的预期。但是，如果有一天晚上你回家特别晚，你就会预期交通会更顺畅一些。在生活中，你对应该发生的事情是有所预期的。当实际情况与你的预期发生偏离，就预示着可能有意外发生。想象一下，你在早上 9 点走进办公室，里面空无一人。你会问自己：发生了什么事？是不是我忘记公司有培训了？还是我忘了今天是节假日了？同样，如果在忙碌一整天后，你在晚上 9 点上了地铁，却发现地铁上挤满了人，你可能会想：今天是不是有什么音乐会、演出或是活动，才会有这么多人？

在人际交往中，当你回家与家人团聚或与老朋友见面时，你会对别人如何问候你以及你的回应方式有所预期。有时，你可能会注意到有人对你好像有点意见。例如，一个朋友不像平时那么热情，或者你回家后你的伴侣没有立即跟你打招呼。在这些情况下，你可能会有这种感觉上的偏差：“总觉得哪里不对劲。”这时我们常犯的错误是，立即创建一个故事来填补空白，解释为什么那个人没有按照你预期的方式行事。我们决定了故事的内容，把它当成了现实，然后据此行事。这种我们称之为“有害思维”的做法，也是人类深层次的心理倾向，即只关注一个可能的故事，就像“失控的火车”，导致错误的判断和误解他人的意图。我们将在第 6 章对此进行详细介绍。

当情境意识出错时会发生什么

对一件事情的发展方向做出预期是决策的核心要素之一，这背后的原因值得深入探究。心理学家早已揭示了偏见的非凡力量，偏见意味着一旦人类大脑对某件事做出特定解释，就会开始寻找支持它的证据。2011 年，心理学家雨果·默西埃（Hugo Mercier）和丹·斯珀伯（Dan Sperber）将这一观点向前推进了一步，认为推理是我们进化出来的一种机制，它的目的并非如我们所设想的那样是寻找真相，而是系统地寻找论据，来证明自己的信念或行为是正确的。[3] 相对于通过认知过程的参与来决定我们的判断是否正确，直接认为我们是正确的岂不是容易得多。此外，当我们在寻找证据时，通常不会去思考证据来源是否可靠，而是直接接受那些能够证实我们想法的证据。当我们试图弄清楚正在发生的事情时，我们不会观察周围情况并对其进行评估，而是寻找与我们想法一致的信息，借此来支持我们的评估。

这种心理机制非常强大，它是社交媒体发展的基础，也是其误导大众的根源，而这一现象的凸显似乎恰好表明默西埃和斯珀伯的理论是正确的。一旦我们头脑中有了一个想法，我们就会渴望得到证实，去证明这个想法是对的。换言之，我们天生就是不客观的，这与有效决策背道而驰。我们会关注那些与我们已有想法一致的信息，会搜索那些符合自己世界观的内容，并且常常会回避那些与自己的世界观不一致的人和信息。总之，在研究重大决策中的错误时，我们发现导致决策错误最常见的原因是无法理解眼前发生的事情。

正如我们已经看到的那样，情境意识是军事行动的基础，但它在我们个人生活的重大决策中也同样重要。8 年前，40 岁的珍妮发现结婚 11 年的丈夫罗布在工作中与一位同事可能有婚外情。珍妮心中有一些怀疑，她注意到罗布的举止有些异常，他对那位新同事的称赞不仅是对专业技能的认可。仅仅是内心深处的这些想法，对珍妮而言已经是一个巨大的打击。她并没有完全怀疑罗布有外遇，也没有去寻找证据。一次偶然的机会，她在翻看他手机寻找一些其他信息的时候，无意间发现了他的同事辛迪发来的信息，里面清晰地表达了对罗布的爱意。

这一发现使珍妮震惊不已，她似乎突然进入了一个完全未知的领域。很明显，关于她与罗布的关系，还有很多决定要做，但首先，她必须弄清楚发生了什么、为什么会发生，以及接下来可能发生什么。

问题的症结非常明显，对珍妮来说，她已经进入情境意识的第一阶段，即意识到当前发生了什么：罗布和辛迪有婚外情。但珍妮需要知道的是，他们是否相爱。如果是，这可能会改变她的婚姻。珍妮和罗布的三个孩子当时分别是 10 岁、7 岁和 3 岁。珍妮坚信家庭生活的重要性，她知道罗布是孩子的好爸爸，她不希望自己的孩子在父母离异的环境中长大，除非实在别无选择。

除了弄清楚罗布是否也爱辛迪，以及辛迪是否真的爱罗布，珍妮知道她必须思考为什么会发生婚外情。她非常清楚，自从孩子们出生后，她和罗布的关系就越来越疏远。他俩的工作都很忙，彼此相处的时间也越来越少。事实上，多年来，他俩都没有把感情放在首位。因此，她在第二阶段意识到婚外情的发生在一定程度上与婚姻压力有关，但也有可能根本问题并不在婚姻本身。

到第三阶段，当珍妮仔细思考接下来他们会如何发展时，她非常确定罗布和辛迪可能并不想放弃各自的婚姻，重新组建家庭。一方面，辛迪已婚，有两个年幼的孩子；另一方面，珍妮也知道，罗布不可能放弃已经有三个孩子的家庭生活，与别人的孩子生活在一起。简言之，珍妮意识到，虽然丈夫的婚外情是她生活中的一件大事，但这并不意味着她的婚姻已经走到尽头。相反，她和罗布决定去接受婚姻咨询。罗布最终结束了与辛迪的关系，8 年过去了，珍妮和罗布过得比以往任何时候都更幸福。

在这种情况下，我们也可以设想另一种情况，当珍妮得知这段婚外情时，便立即得出结论：罗布和辛迪相爱了，自己和罗布的婚姻结束了。然后，她会努力寻找支持她观点的证据，由此开始，他们的婚姻很可能会一步步走到尽头。与《妙探寻凶》游戏类似，一旦你有了自己的猜想，你就不会再去寻找其他证据。

不要对上述设想不以为然，因为在许多情况下，当我们感觉事情偏离正轨后，尤其是在涉及所爱的人时，我们的大脑会迅速编出一个故事来填补空白。这类故事在当时好像完全说得通，但事后看来往往又显得相当牵强。

我们在上一章中看到了身体和认知状态如何影响选择。当我们知道自己精神或身体状态不佳时，就不应该采取行动，其中影响最大的是压力过大、睡眠不足、饮食不当和情绪低落等情况。要想对我们周围的情况有合理的觉察，我们必须留出适当的空间，无论是身体上的还是精神上的，以便尽可能让自己进入最佳状态。只有这样，我们才能弄清楚发生了什么、为什么会发生，以及接下来可能发生什么。只有做到这些，我们才能做出一个无悔的决策。有时，如果处于一个快速变化的环境中（就像韦布一样），我们很难构建出情境模型。但是，就珍妮而言，当她发现伴侣的婚外情后，并没有立即得出任何确切的结论，尽管匆忙下结论可能很诱人，但她为自己留出了空间和时间，去进一步了解到底发生了什么、为什么会发生，以及接下来可能发生什么。她的做法是正确的。

想象一下，你的大脑是一个玻璃杯，由于压力引起了巨大的认知负荷，你的杯子里已经装满了水。在你形成情境意识的过程中，你是在往已经装满的杯子里倒更多的水。所以，你需要“倒掉一些”，为玻璃杯腾出一点空间。要做到这一点，我们需要为自己争取一些时间。这听起来可能有些老生常谈，但仅仅是让自己从当前的环境中抽身离开，出去散散步，呼吸一点新鲜空气，就能给你的心灵和身体腾出一些空间。

我（劳伦斯）认识一个在反恐领域工作的指挥官，他是我最钦佩的指挥官之一。每当军事行动最激烈的时候，他都会离开指挥室，去大楼外面走一圈。有时候，只需要花 5 分钟时间走上一圈，而有的时候，则可能需要花 1 小时走上好几圈，具体取决于事件的紧迫性和复杂性。这种方法给他提供了他所需要的心理空间，让他有时间对正在处理的问题进行思考和判断。可以肯定的是，每次他走完回来都会更冷静，对正在发生的事情、为什么会发生以及接下来可能发生的事情有了更清晰的了解。他将这股平静的浪潮带给了整个团队，让团队中的其他成员可以开始着手解决问题。

在有条件的情况下，确保分配足够的时间来弄清楚你要处理的问题是至关重要的，因为如果你一开始就弄错了，接下来就会一错再错。如果医生检查你的症状时过于随意，认为你只是胃胀气，但实际上这是胰腺癌的早期症状，你可能会因此而死亡。当然，有些疾病比普通疾病更难做出诊断，比如胰腺癌就是较难发现的肿瘤之一。一件事越罕见，我们就越难识别。再举一个例子，你与老板发生了冲突，你很快就将其归因于她对你的能力失去了信心。但过了一段时间，你发现她压力大的原因是她母亲生了重病在住院。

很多重大事件本身就是罕见事件，珍妮面临的事件也是如此，至少对于一个人的一生来说，这样的事件不会遇到很多次。从某种程度上来说，这也是我们为什么在遇到这些事件的时候会很纠结。关于分手或离婚，并没有一套操作手册，告诉我们应该怎么办，而我们自身也并没有或很少有婚姻破裂这方面的经验。因此，克莱因的 RPD 决策模型并没有给我们带来什么安慰，因为我们在处理这类事件方面并没有专业知识。所有这些都会让我们感到孤立无援，不知所措。当遭遇重大生活事件时，我们需要尽可能地从身体和心理上做好应对。在我们与军人和警察的合作中，如果遭遇创伤事件的人本身就有身体或心理问题，他们的情况会变得更糟糕。我们在第 8 章将会讨论如何在身体和心理上做好准备。如果你现在就想了解更多这方面的内容，可以直接跳到这一部分。你将看到心理韧性的四大支柱，你需要对自己的整个人生给予一些关怀和爱，才能让你更具有心理韧性。

正如我们所看到的，**当面对新情况时，最重要的是不要让你的直觉和判断占主导。**任何人都会有直觉，而且我们的天性就是试图去理解这个世界，但这并不意味着我们每个判断都是对的。技巧在于，你要知道自己在多大程度上能忍住不轻易下结论，以及你需要多长时间进行评估。你可以问问自己，你需要多长时间才能完全理解情境，然后投入足够多的时间来研究所有组成部分。在内心问自己："我在寻找什么？"

如果答案很模糊，那么它可能是交织在一起的多个事物。它们分别是什么？你如何确认哪一个才是你要找的？这就是我们进行情境意识的方式。

想象最坏的情况

1941 年 12 月 7 日清晨，数百架日本战斗机攻击了位于夏威夷珍珠港的美国海军基地，摧毁了多艘战列舰和 300 多架飞机。这次袭击导致 2 400 多名美国人死亡。

2001 年 9 月 11 日，4 架飞机被恐怖分子劫持，被迫飞往他们在美国不同地区的袭击目标。两架飞机飞向纽约市的世界贸易中心；一架飞机撞向华盛顿特区的五角大楼；最后一架飞机，联合航空 93 号航班，在乘客英勇地与 4 名劫机者搏斗后，在宾夕法尼亚州尚克斯维尔附近坠毁。人们认为，93 号航班的目标应该是国会大厦或白宫。

1941 年 12 月 8 日，在珍珠港遇袭后不到 30 小时，时任美国总统富兰克林 · 罗斯福向日本宣战，并在后来向日本广岛市和长崎市投放了原子弹。

2001 年 9 月 12 日，时任美国总统的乔治 · W. 布什宣布向恐怖组织开战。[4] 当时阿富汗战争已经造成 3 500 多名武装部队成员死亡。自 2001 年以来，已有超过 31 万名阿富汗平民在战斗中丧生，其中绝大多数是被叛乱分子杀害的。

这两个事件的共同点在于，许多专家评论员，包括电视上的政治分析家和心理学家等，在回顾事件的时候，都探讨了人们在袭击发生前的情境意识，以及这些大规模袭击是如何在没有被察觉的情况下发生的。事实是，事后来看，人们当时已经发现了一些端倪，只是没有正确评估情况。如今，像“珍珠港被偷袭，为何没有一个人提前做好准备？”这样的文章标题比比皆是，而在回顾导致“9·11”事件的情报失误时，人们也反复提到“系统正在闪烁红灯”。[5]

当回顾自己曾经在生活中犯过的错误时，许多人后来都承认自己也犯过同样的错误。“预警信号就在那里，而我忽略了它们。”有多少次，你眼睁睁地看着一个人与不合适的人约会或结婚，尽管有非常明显的预警信号，而他们却视而不见？有多少次，你目睹朋友对新工作信心满满，而你却预测他们在新工作中不会开心？我们常常可以看到，人们凌驾于自己的认知系统之上，选择对预警信号视而不见。

那么，这些典型的情境意识错误案例有什么共同点，它们能给我们的生活和决策带来哪些启示呢？它们告诉我们，人们最常见的问题不是无法获取预警信号，也不是说那些真正有用的信息被隐藏起来了。我们只是没有接收到这些信息，也没有利用它们去进一步理解情境。**我们看到或相信什么不重要，重要的是我们头脑中在想象着什么。**

在我们对突发事件的研究中，情境意识中缺乏想象力是我们经常看到的问题之一。几年前，我（劳伦斯）有幸听一位高级警官讲述他的团队是如何应对 2008 年孟买恐怖袭击事件的。看到如此威严的人讲述他认为自己多么失败，让人觉得非常难受。不过，他提出的补救措施的核心，就是他所说的“想象力失败”。“我们谁也没想到会发生这种事，所以我们从未为此接受过训练，”他接着说，“我们需要的是厄运预言者。”“9·11”事件发生后，“9·11”事故调查委员会在报告中强调了“想象力失败”，[6] 并提出了一些建议，其中包括一个耐人寻味的提议，即他们必须将想象力的运用常规化，甚至官方化。[7]

可怕叙事练习：想象最坏情况，提前学会应对

当人们试图弄清楚周围发生的事情时，人们往往无法想象是什么原因导致了所目睹的行为。无论是情报分析人员在查看基地组织袭击美国的通信内容时，还是你我想要理解为什么爱人突然变得冷漠时，我们的第一本能往往不是去想象造成这种情况的多种可能原因，而是迅速陷入脑海中出现的第一个原因。

所有这些都解释了为什么美国政府现在要训练警察、军队和应急人员去想象比他们自己亲身经历过的更糟糕的事件。例如，研究者会鼓励军人和警察的领导者去设想周围发生的一场灾难，想象这场灾难在自己真实生活中已经发生了。我们将这种认知要求极高的行为称为“可怕叙事”，其目的是想象出最坏的情况，以帮助实践者学习如何应对。在研究者们审慎的和具有批判性的推动下，学习者通过讲述残酷的故事，能够学会为真实的创伤事件做好准备，更快速地适应并从中恢复。可怕叙事是一个强大的学习工具，能够真正帮助人们为他们无法想象的情景做好准备。根据我们的经验，尽管讲故事在历史上具有普遍性和首要性，但它并没有成为一种正式的学习方法，并得到充分利用。[8]

当然，我们并不是建议大家都应该反复进行可怕的想象（“如果我的伴侣死了怎么办？”“如果核弹被引爆怎么办？”“如果我在高速公路上撞车怎么办？”），我们也不是说珍妮应该把她丈夫的不忠视为世界末日，仿佛这么多年丈夫一直都在欺骗她，而她过去所相信的一切现在都变成了谎言。我们希望你成为一个关于复杂情境的预言家，无论是好

是坏。想象情境的不同部分以及各部分的复杂性，思考情境之间的相互关系以及它们彼此如何产生关联。珍妮不应该立即认为是世界末日到了，但她确实应该考虑一下他们分开的可能性，他们可能会离婚，以及离婚将会对她、她的丈夫和孩子分别产生什么样的影响。为什么要去思考这些？这些悲观的想法不是会给珍妮带来巨大的痛苦和焦虑吗？而且这些可能并不是真的会发生。确实，这种可怕的想象会引起痛苦，但如果它们是真的，而她只是像鸵鸟一样自欺欺人，那么当这些情况真的发生时，就会变得更加可怕。而且珍妮也不是完全没有怀疑这种可能性的理由，这并不是她在毫无证据的情况下臆想出来的问题。只是到目前为止，她还不知道问题的严重程度。我们的论点是，想象最坏的情况并因此做好最坏的打算并没有坏处。事实上，如果你不去想象那些糟糕的结果，可能反而会让情况变得更糟糕。

重要的是，在想象最坏的情况时要认识到，这并不是唯一可能发生的情况。另一种极端则是，事情可能完全没有问题，或者至少没有你预期的那么糟糕。只要你能够认识到最坏的情况只是有可能发生，而不是一定会发生，那么你就可以在没有出现灾难的情况下做出相应的计划。

换言之，当你处于人生关键时刻的十字路口时，如果你能预先考虑并准备好应对可能出现的糟糕结果，这将对你有所帮助。这可能包括在工作中，是否要向他人提出敏感话题；当朋友在寻找住所时，是否允许他住进你的公寓；当你在工作中遇到一个有挑战的大项目时，你是否要去寻求帮助；在项目会议中，当你对他人观点持反对意见时，是否要说出你的想法和感受，等等。同样，正如我们在上一章中看到的，这实际上涉及一种思考问题的勇气——勇敢地面对当下以及接下来可能发生的事情。主动承担责任，不要回避消极的结果。如果这确实是最坏的情况，你是选择接纳并做好准备，甚至主动引导事情的发展方向，还是选择回避，“怀抱着最好的愿望”，但其结果却没有任何变化？大胆面对现实吧！当你抱着开放的态度去面对当前真实存在的各种可能性，你可能会惊讶地发现，自己应对不确定性的能力远超你的想象。

在你对本章的内容进行消化时，可以做做这个练习。想想你过去所面临的一些艰难的选择，最好把它们写下来。它们主要与家庭有关、与人际关系有关还是与工作有关，又或者涉及多种因素？**了解选择的类型，可以帮助你预测未来哪些情况可能对你具有挑战性，尤其是那些你常常回避的问题。**现在，思考或写下在这种情况下可能发生的事情，并问自己，“假设这是最坏的情况，如果我能早点意识到并提前做好计划，结果是否会更好？”在许多情况下，即使最坏的结果并没有出现，我们也会感觉更好，因为我们至少知道可能的结果是什么。再强调一遍，我们并不是说想到最坏的情况，它就一定会发生，也不是说我们要假设所有情况都会出现最坏的结果（这是虚无主义）。我们要说的是，良好的决策需要我们有信心面对未来，无论结果是好是坏，这意味着你要思考和接纳你可能面临的所有现实可能性。

人们会回避思考可怕的结果，但当这些结果出现时，反而会带来更多的创伤。当然，像这样的消极思维不应该蔓延，但当你面对一个特别或罕见的情况时，提前想象一下这件事最坏和最好的可能性会很有帮助。考虑最坏情况的好处在于，首先，它为你的决策提供了一个范围，让你能够在最广泛的经验框架内考虑各种选择。其次，这是一种更真实的方法，因为坏事时有发生才是生活的真相。所以，如果你能在决策中提前考虑到最坏的情况，那么你就能够在决策前做出尽可能客观真实的评估。

即使我们最终仍然决定怀抱着美好的希望继续生活，我们也可以通过可怕叙事做到未雨绸缪，为接受最坏的结果提前做好准备。

1% 关键决策工具箱

DECISION TIME

1. 精英决策者脑子里会想到两到三种可能的情况，他们会试图弄清楚发生了什么、为什么会发生，以及接下来可能发生什么。如果头脑中只有一种情况，则更容易出错；如果头脑中选择太多，则意味着你有可能永远无法一一应对所有的情况。

2. 我们的建议是：找出最坏的结果和最好的结果，如果你愿意，还可以在介于两者之间找出一个不好不坏的结果。这样你就能够有充足的时间来诊断问题，而不会感觉负担过重。这也意味着，你可以先做好最坏的打算，同时对最好的结果仍然怀抱希望。

3. 经常问问自己：发生了什么？为什么会发生？接下来可能会发生什么？可能会出现哪些结果？答案不要超过三种。然后，你可以思考以下两个至关重要的问题：

    - 我是否必须现在做出决策？
    - 如果不是，我还有多少时间来确定哪种情况发生的可能性最大？

第 5 章

何时行动：掌握决策的正确时间窗口

那些与我们合作过的军队、警察、企业和政府领导人在面临生死抉择时，都会问的第一个问题是：“我必须现在就行动吗？”当你面临重大抉择时，也是如此。精确地知道何时需要等待以及何时不能再等，是一种很重要的能力。正是这种能力将卓越与优秀拉开了差距。

我们在训练精英决策者何时需要做出关键的最不坏决策时，常常会用金发姑娘[①]来进行类比。当涉及决策时，我们需要考虑的不仅仅是要做出什么决策，还需要随时注意时间的平衡。就像金发姑娘一样，有时候决定得太快，有时候太慢，而有时候则刚刚好。如果你跟一个刚认识6个月的人结婚，很多人都会说“这太快了”，或许如此。但在某些特定的情况下，比如对方签证即将到期，如果你们在6个月内不结婚，就永远不能在一起了。在这种情况下，就有必要加快速度了。再想象一下，你的一个朋友已经工作了8年却没有得到晋升。你可能会认为这对他有点太过分了，他需要换个环境继续发展。然而，你不知道的是，他们公司正在酝酿一项重大的国际并购，而他现在是纽约分公司的董事。

精确地知道何时需要等待以及何时不能再等，是一种很重要的能力。正是这种能力将卓越与优秀拉开了差距。在工作中，我们将其称为

① 金发姑娘出自一个英国童话故事《金发姑娘和三只熊》。讲的是一位金发姑娘偷偷跑进熊的家里，她发现了三碗粥、三把椅子和三张床，粥有冷的、有热的；椅子有硬的、有软的；床有大的、有小的。她都尝了、都试了以后，选择了不冷不热的那碗粥、不软不硬的那把椅子，不大不小的那张床，因为那碗粥、那把椅子，那张床最适合她，对她来说都是“刚刚好”，这种选择的原则就叫作“金发姑娘原则”。——编者注

“金发姑娘原则”，这意味着你必须等待最佳时机，确保一切“刚刚好”。

时间的概念如此关键，却很少被讨论，我们希望你现在就花点时间认真思考一下：时间在你日常生活的决策中起到了怎样的作用？你有多少次因为匆忙行动而犯错？你是否习惯急于下结论？你在评估问题时是否很少考虑其他选择，就鲁莽地采取行动？还是你会犹豫不决，当你还在犹豫是否要跟对方告白时，却发现他已经爱上了别人？是否曾经有人为你提供了机会，而你却让它白白溜走？

最后，回想一下你做过的那些最好的决策，问问自己：如果过早或过晚采取行动，我是否还会获得同样的成功？你当然知道，几年后你会结婚，但这并不意味着，刚认识 6 个月你就要答应对方的求婚；同样，也不是所有人都愿意等你 10 年。

事实上，任何成功的决策都与我们何时行动以及如何行动有关。而且，至关重要的是，我们必须知道何时需要采取行动。这是实验室研究的一个大问题，它往往只衡量你做的决策，却忽略了决策时间的科学性。掌控时间，是 STAR 模型的第二步。在本章中，我们将解释为什么它如此重要，以及当你面临艰难的时刻和抉择时，如何更好地觉察到它。

那些与我们合作过的军队、警察、企业和政府领导人在面临生死抉择时，都会问的第一个问题是：“我必须现在就行动吗？”当你面临重大抉择时，也是如此。如果答案是肯定的，那么你别无选择（对于军事领域的领导者来说，通常是这样）。但很多时候，对于我们个人生活中的重大决策来说，我们是有时间收集信息的，而这些时间非常宝贵。

新手决策者和精英决策者之间的区别之一在于，专家知道从这个问题入手。新手要么根本不会把决策纳入时间框架内进行考虑，要么把它纳入一个会降低情境影响的时间框架（稍后会详细说明）。时间是你在决策过程中强大的“盟友”之一，但前提是从计算出你拥有多少时间开始，以及在评估信息和收集信息的过程中，你必须不断对其进行现实检验。

在本章中，我们将明确如何实现决策中的“正确”时间窗口，但首先，我们还需要提醒一点。还记得我们在第 3 章中所说的完美主义——最优者和满足者吗？好的决策者不会陷入完美主义的陷阱，因为他们从一开始就意识到：完美几乎不可能实现；追求完美实际上会影响自己做出好的决策。放下想要把一切都做好的幻想，会让你在决策中拥有更多自由。这一切都始于对时间的现实评估，让我们从这里出发。

想象一下，你正盯着巴基斯坦一处大院的直播画面。一方面，你被告知这是本·拉丹目前居住的地方，你下一步行动的结果可能是世界头号恐怖分子被抓捕归案。另一方面，如果你错了，你就会被指控未经授权擅自发动非法突袭，并制造了一起重大国际事件。你猜中结果的概率是 50%，尽管你掌握了所有情报，但没有人能确定大院里的神秘人物就是本·拉丹。现在，我们已经知道了这个故事的结局。事后看来，美国时任总统奥巴马启动了此次任务，并做出了正确选择。但在当时，这确实是一个艰难的抉择，谁也不能确保成功。

马克·鲍登（Mark Bowden）在其著作《终结》（*The Finish*）一书中，通过访问白宫工作人员和相关军事人员、情报人员和外交政策官员（包括奥巴马总统本人），讲述了他们是如何决定向巴基斯坦阿伯塔巴德派遣海豹突击队第六分队以击毙本·拉丹的内情。[1]

据鲍登回忆，总统当时面临的主要问题之一是本·拉丹本人是否在大院内有着巨大的不确定性。在通报会上，当总统问大家有多大概率确信本·拉丹在大院里时，大家估计的概率从10%到95%不等。最终，总统让大家安静下来。他指出，由于确定性不超过50%，他不能通过抛硬币的方式来做出如此重大的决策。

2011年4月28日，在最后的讨论中，部下向总统概述了四种可能的选择：

1. 针对该大院发动大规模轰炸。有50%的机会杀死本·拉丹，但会造成很多额外损害。
2. 使用小型无人机发射小型导弹，进行小规模空袭。额外损害较小，但这项技术之前只在演习中用过。本·拉丹在那里的概率仍然只有50%。
3. 使用特种部队进行地面突袭。这个小队可以确认本·拉丹是否在里面，并将额外损害和生命损失降至最低。然而，这意味着这些美国士兵将面临生命危险，他们可能在巴基斯坦被捕并被指控参与非法任务。
4. 什么也不做。

据鲍登描述，奥巴马在最后一次安全会议上要求每一位与会者从四种选择中选择一个，并给出理由。会议室里没有达成意见一致，甚至副总统（后来的总统）拜登也不同意进行突袭，他认为如果方案失败，他可能连总统连任的机会也没了。[2]

现在，仔细想想。你拥有世界上所有的智慧和技术。这是对世界头号恐怖分子的追捕，他已经逃避追捕 10 多年，数千人的死亡都与他有关。你的成功概率最大是 50%，而且决定权完全在你。你会怎么做？你会听从别人的意见吗？你愿意肩负这个重任吗？你会如何决策？

这个案例之所以很吸引人，是因为除大量的技术和情报之外，它还可以归结为：一个可能导致总统身败名裂的最不坏决策。当奥巴马为了获得更多情报或确定性而推迟决策时，本·拉丹离开大院的可能性就越来越大，这意味着奥巴马可能会回到原点，错过抓住世界头号恐怖分子的机会。

奥巴马在本·拉丹事件上的决策表明，知道何时等待、何时推进非常重要。随着各方压力与日俱增，推迟决策无疑是很有诱惑力的，他本可以等待收集更多的情报或确认更多的事实。他本可以等待最高指挥官们意见达成一致，甚至当他的副总统告诉他，如果制定了错误决策可能会结束他的总统生涯时，他可以选择退缩。如果他做了上述任何一件事，本·拉丹今天很可能还活着，美国可能还在搜寻这个直接导致“9·11”事件、要对近 3 000 名遇难者负责的人。但是，他没有拖延，尽管可能产生负面影响，他还是克服了怀疑和恐惧，采取了行动。

决策的首要任务：确定你还有多少时间可以利用

所谓决策，仅仅是计划你最终会采取什么行动吗？并不是。决策不仅关乎你的最终行动，也关乎你行动的时机。这是因为，一个合理的决策，是人类众多复杂因素相互作用的结果，为了充分利用这些因素，你的首要任务是审时度势，利用有限的时间资源。

如果行动太快，你将无法利用那些可能对你有帮助的经验，或者你会错过发掘自身重要价值的机会。正如我们看到的那样，正是这些价值指引你采取适当的行动。如果行动太慢，最终你将失去做决策的机会，因为事件本身将会决定接下来朝着什么方向发展，而不是你的想法。此外，你还会错失那些在选择中原本可以把握的积极因素，最终让自己陷入未竟之境。例如，奥巴马本可以选择拖延，本·拉丹本可以选择改变藏身之所，那样的话，我们可能在接下来的10年里都要继续搜寻这个世界头号恐怖分子。

简言之，与时间有关的问题可以归结为：无论你面临什么决策，如果你还有时间可以把握，那就好好利用它。比如说，你正在权衡是要与相恋20年的伴侣分手，还是继续和他在一起。从一个角度来看，你是可以掌控时间的。这是一个改变一生的选择，在你做出选择之前，什么都不会发生。如果恢复单身，或与其他人在一起，会比与当前的伴侣在一起更快乐吗？你们的关系能有所改善吗？如果能，你需要做些什么？如果你决定离开，还有谁会受到影响？如果你有孩子，当然孩子会受到影响，那么他们会受到多大的影响？如果离婚，你的财务状况会有什么变化？

这些只是你在做出选择之前需要考虑的几个重大问题的一小部分，就像所有艰难的决策一样，其中还有许多未知因素。你需要收集大量信息，有些是跟情绪相关的，有些是与家庭和人际关系有关的，还有一些与你的财务状况有关。有些信息很明确，而大部分则不确定。

但必须指出的是，我们并不主张你只有在迫不得已的情况下才做出决策。相反，这关系到你是否清楚自己有多少时间可以利用，以及利用这些时间是否对你有好处。所以，问题是：我有时间收集信息吗？如果有，收集信息会对我做决策有帮助吗？如果这两个问题的答案都是否定的，你就需要加快决策速度。

除此之外，你还会错过决策滞后的另一边可能存在的潜在机会。每过一天，继续前进、准备和过渡的机会就少一点。你可能在拖延时间，而不是在为过好人生的下一个阶段认真做准备。尽管考虑清楚自己行为的后果很重要，但也要扪心自问：你是否只是在脑子里重新做出了同样的决策，或者只是重新计算了一下成本，而你心中其实早就知道这样做利大于弊？如果你在这个过程中没有任何新的收获，并且你也知道自己想要采取什么行动，那么投入更多的时间并不能改善状况，反而可能会使情况变得更加糟糕。它会让你变得更有惰性，而惰性越强，你就越有可能继续不作为。现实就是，最终你什么都没做。

想象一下以下场景：你和你最好的朋友外出徒步旅行，到达了一个偏远而寒冷的地方。设想一下：你已经走了 4 小时，日落时间是下午 6 点，现在是下午 2 点 30 分。你有保暖装备和一些零食，但没有手电筒，也不打算在户外过夜。这是一个晴朗的日子，天朗气清，但是很寒冷。你的朋友说他们知道路线（根据他们的推算，你们正在走的是一条环形路线），他们向你保证他们知道怎么走。半小时前，他们还说回程只需要不到 2 小时。但是，你走的时候越来越觉得他们真的不知道怎么走。“嘿！”你说，“你确定这条路是对的吗……我们好像迷路了，离天黑只有 3 小时了。”

“嗯，是的，我想是的……让我查一下地图，”他们回答，“是啊……但好像不对。”他们一边看地图一边说。

你有什么想法？你会怎么说、怎么做？你将如何构建你对这个问题的看法？花点时间仔细想想。

你应该考虑的第一个问题是时间。离日落还有多长时间？现在是下午2点30分，所以如果你们按照原路返回，到天黑的时候你们还要再走30分钟的路程。如果你能找到正确的路线返回，你可以在下午4点30分回去，这样你们能在2小时内走完这段路程，而且还有充足的阳光。然而，如果你走错了，而且继续朝着错误的方向走，就可能会越来越迷失方向。不过，你也有可能会在1小时内（下午3点30分）找到路，然后在2小时内回去（下午5点30分），这样你就能在3小时内走完剩余的路程，而且还有充足的阳光。

当然，还有很多因素可能会影响你的决定——你的健康状况、你朋友的健康状况、他们的感知能力、你的年龄和经验。让我们想象一下最坏的情况。你和朋友花了很长时间也没找到正确的路，光线越来越弱，由于找不到路，你们现在必须在寒冷的天气里在户外过夜，没有帐篷、食物或取暖设备。你可以花更多的时间查看地图，通过快速试错来寻找路线，如果错了就迅速往回走，以此来确认是不是正确的道路。但是，这里有一个关键的问题：你有时间吗？这应该是你的出发点，因为你思考和检查所花的每一分钟，都是在消耗那最后的30分钟。我们强烈建议你对你的朋友说："我们不能花超过15分钟的时间来进行评估，除非我们100%确定能在这15分钟内回到正确的路上，否则我们就得原路返回。"为什么？因为如果我们再等30分钟，我们就有可能完全失去最不坏选择。

虽然询问更多信息、确定假设，以更好地了解发生了什么、为什么会发生以及将要发生什么是件好事，但了解继续拖延会对我们的选择造成什么影响更为重要。我们可能不愿意沿着来的方向往回再走4小时，但如果我们发现摆在面前的是最坏的选择——我们迷路了，这让我们陷入绝望之中，周围一片漆黑，没有帐篷，只能在荒郊野外瑟瑟发抖。那么前一个选择就会显得格外有吸引力了。

如果你正面临类似的抉择，甚至是更大的人生决定，尤其是如果你已经权衡了一段时间，那么以下这些问题可以作为试金石：

- 我还需要收集什么信息吗？
- 我有足够的时间收集这些信息吗？

在前面离婚的案例中，你知道你需要卖掉房子并分割财产，你对房子的价值已经很清楚——这些信息很好收集。也许你知道你是唯一有养老金的一方，所以你的另一半可以申请分割其中的一部分——这是更多信息。但是，当涉及你 15 岁的儿子和 17 岁的女儿，要了解你们离婚对他们意味着什么时，可以从哪里获取信息？正如我们在第 3 章中所看到的，你必须挖掘你的价值；你必须运用你对孩子的心理韧性和心理健康状况的直觉。但你不能做的是无限期拖延，因为如果这样做，你将失去决策权。因为事实上，在现阶段，你已经掌握了你所期望得到的所有信息。如果继续拖延下去，你既不会得到更成功的婚姻，也无法投入一段新的关系，与他人重新开始。而这其中任意一条前进之路都比你在目前的婚姻中过着心猿意马的日子要更好。

克服时间紧迫感：避免过早行动的风险

长期以来，困扰心理学家的一个问题是，大脑如何将时间的流逝纳入决策之中。即使是通过对人类行为的粗略研究，我们也能清楚地发现，风险因素出现的时间离我们越遥远，就越容易被我们忽略。因此，我们会更加担心明天患上的一场小病，而不会去管 20 年后可能患上的一场大病；我们更愿意使用信用卡消费，而不是刷活期账户消费，因为刷信用卡可以推迟还款。尽管后者显然更便宜，因为它不会产生利息。

这从逻辑上根本说不通，但研究人员就此提出了一个理论。[3] 在过去的几千年里，人类大脑的进化方式增加了腹内侧前额叶皮层后部区域的神经通路，这是与决策相关的区域之一，并且比大脑前部区域具有更多的连通性。事实证明，与近期事件有关的信息位于大脑后部区域，而与未来事件有关的信息则位于大脑前部区域。换言之，大脑似乎已经准备好对当前情况的信息做出更有效的反应，而不是对未来发生的事件的信息做出反应。从进化的角度来看，我们不难理解这种机制的意义，但从人类的角度来看，我们的预期寿命可能达到 80 岁，一个决策有可能会影响到我们未来几十年的生活质量，这种机制就没什么意义了。

这就意味着，在实践中我们要意识到，虽然我们的直觉可能是立马采取行动，但更明智的做法可能是等待。例如，如果你没有得到你一心想要的晋升，或者你的上司在工作中损害了你的利益，你的第一个想法可能是提出辞职，一走了之。这样做的话，你的短期需求就会得到满足。但与此同时，你会意识到更明智的做法是等待一段时间，控制立即行动的冲动，转而注意你的腹内侧前额叶皮层中出现的那个较小的声音，它在低声说：“等一下！当然，你银行里的钱够你用几个月，但之后呢？”

一时冲动是很正常的，尤其是在有压力和情绪激动的情况下。你应该还记得，在第 3 章中，我们谈到了压力下的生理反应——心跳加快，手心出汗，在神经系统方面，大脑会对眼前的事物产生隧道视觉②。总之，这些强大的力量会让我们忘记接下来可能发生的事情，只关注眼前的一切。

但我们必须与这种冲动做斗争。在第 2 章中，我们谈到了决策惰性、无法做出决策或无法及时决策。我们还讨论了回避决策、多谋少断和执行失败的问题，所有这些因素都会导致决策迟缓，并对采取行动产生恐惧。而硬币的另一面是过早行动。我们通常会害怕忍受决策带来的不适感。这就是选择带来的问题，选择会滋生冲突，这是一种不愉快的经历。我们天生不喜欢被迫做出选择，我们也不愿意承受损失。因此，权衡成本和收益，确定我们牺牲什么，这一过程是令人不快的。心理学家菲利普·泰特洛克（Philip Tetlock）称这些带有价值取向的决策为“思考不可思议的局面”（thinking the unthinkable），因为仅仅是思考某些决策的过程，就已经给我们带来足够多伤害了（我真的失恋了吗？我有能力伤害别人的感情吗？）。[4] 但这也是为什么我们会强调在决策中勇气和开放性的必要性。不要因为你有一个决策要做，或者你不想被困在决策过程中，就快速做出决定。这就是为什么我们在训练中经常使用金发姑娘的比喻——与决策惰性相反的不是快速决策，而是在正确的时间做出决策。

时间紧迫感测试

现在，请你做一个小测试。放下这本书，拿起手机，启动秒表。等到你认为 1 分钟过去了，再回到手机前，根据你的估计，检查你是早

② 隧道视觉是指失去了中心视觉的外围视觉，视野中只剩下了一个狭窄的圆形隧道式的区域。——编者注

了、晚了还是刚刚好。不要数秒数，这个练习的目的主要是衡量你在潜意识层面对时间的本能感知能力。

这说明了我们在个人层面上探索过的一个问题，即“时间紧迫感”的概念——我们对时间流逝的担忧，以及我们对时间压力的觉察。这虽然听起来像是我们所有人的共性，但实际上其中存在着极大的个体差异，人们在时间紧迫感的程度上差异极大，而测试这一点是很容易的。

在我们最近的一项研究中，时间紧迫感的得分范围从 31 秒多（时间紧迫感非常强）到 2 分钟以上（时间紧迫感非常弱）不等。你的分数越低，你对时间流逝的紧迫感就越强。[5]

研究发现，对于时间紧迫感强的人，即那些认为时间过得比实际时间快的人，决策能力可能会受到削弱。在一项研究中，我们给警察一个模拟的犯罪现场，让他们对导致犯罪的行为提出假设。[6] 我们感兴趣的，一方面是他们提出假设的质量（他们的想法好吗？），另一方面是他们能够根据所观察到的事物提出多少种假设。因为，请记住：如果你只提出一种假设，可能会导致决策错误或无解。所以在决策的早期阶段，最好能够提出多种假设。在研究中，我们将参与者分为两组，并告诉其中一组，“我们时间不够了，我们完成情境模拟的时间比其他组更少”。实际上两组人的任务时间完全相同。我们发现，承受时间压力确实会降低人们提出假设的质量和数量，但它对时间紧迫感强的人影响最大，因为我们是在他们自己原有的时间压力之上又施加了一层时间压力。我们的一个理论是，对时间紧迫感强的人来说，他们知道自己拥有的时间更少，再加上他们之前本来就有对时间流逝的担忧，这就意味着他们在对时间的担忧上耗费了大量的认知精力，而在实际处理问题时却投入了更少的精力。

边际收益递减：掌握决策的狐步舞思维

立即行动可能是一种本能，但我们最好能够克服一下这种冲动。因为在做出决策之前，即使是稍作停顿，也能给你提供一些收集重要信息的时间。投入相对较少的时间，可能会给你带来巨大的、出乎意料的好处，让你能够评估所处情况，看到更清晰的出路。

虽然让脚暂时离开油门往往是件好事，但也要记住，在某些时候，你需要重新踩油门。这是因为，虽然刚开始暂停获取信息是有意义的，但如果一直停滞，它会让你得不偿失。因此，决策的关键在于准确判断何时应该采取行动。

这其中还有另一个因素，那就是边际收益递减规律。根据该规律，无论一项新活动对我们有多大好处，我们坚持的时间越长，它最终的效果就越小。这意味着，虽然在早期阶段，一点信息可以对我们了解发生了什么以及我们可以做什么产生巨大的影响，但随着时间的推移，这种影响并不是一成不变的。也就是说，我们获得的信息越多，其带来的影响就越小。一味追求这些信息往往会导致我们陷入决策的惰性陷阱。

就拿本章前面提到的离婚决策来说吧。在许多情况下，花一些时间真正考虑一下经济、社会和情感上的选择是非常重要的，尤其是在有孩子的情况下，这能避免我们在一场特别糟糕的争吵后，在情绪的驱使下做出冲动决策。但与此同时，人们很容易养成这样一种习惯，即不断地想要思考更多、了解更多，陷入信息收集的兔子洞，去思考很久以后的“如果”类难题。比如：如果我们以后有了孙子孙女，他们会与谁一起共度圣诞节？这些难题会妨碍你做出当下的决策。这就是为什么在你问自己是否有时间收集更多信息后，不要忘了问问自己，你得到的信息是否真的对你有帮助，或者只是给了你一个回避决策的借口。

这就是时间如此重要的原因，不仅仅是你拥有可利用的时间越多越好。我们发现，在决策早期阶段投入的少量时间对决策效果有着极其重要的影响。在决策失误时，我们往往会发现，只要我们花一点时间搜索一下，就能很容易发现这些信息。这不仅关乎我们需要花多少时间来进行确认或做计划，更重要的是，我们必须学会明智地利用仅有的一点时间，去探究当下到底发生了什么。

狐步舞思维

通过观察精英决策者的决策结果，以及他们通常采用的时间模式——他们花了多长时间评估形势、选择行动方案并投入决策，我们发现，理想的方法是我们所说的“狐步舞思维”（foxtort thinking）：慢，慢；快，快。

我们的意思是，你首先要花时间仔细评估不同的选择，借鉴与你所面临情况的所有相关经验，以及你的内在价值体系。我们在第 3 章和第 4 章介绍的内容，就像是狐步舞中的“慢，慢”阶段，在这个阶段收集的信息将为你做出正确的选择带来巨大的回报。

但是，一旦这些信息被收集起来，任何进一步的信息要么需要很长时间才能被找到，要么永远无法获得，你需要进入类似狐步舞中的“快，快”阶段。边际收益递减定律意味着你一开始快速发现的信息很可能会枯竭，从那时起，你将不会再有任何新的或更重要的发现，而你投入的时间也不会有所回报。这就是我们所说的“多谋少断”，这意味着人们花了太长时间来决定该做什么，因为他们希望能获得更多信息。这也与最优化趋势有关，换句话说，就是等待更完美的解决方案出现，正如我们在第 3 章中已经看到的，这几乎没有帮助。除此之外，一些人还表现出心理学家所说的“闭合需求”（need for closure，NFC；我们将在下一章中介绍），这意味着他们很难应对不确定性。在这些人身上，时间的流逝与问题本身密不可分，甚至可能变得更加沉重，因为他们既担心时间的流逝，也担心做出选择的必要性。

我们对警察如何决策的研究证实了狐步舞思维理论。在一项涉及 96 名从英国各地招募的高级警官的研究中，我们发现，那些有军事经验的人，即那些在该领域研究过良好决策并有丰富经验的人，往往需要更多的时间来评估局势，更少的时间来决定行动方案。[7]

设定最后期限：明确何时采取行动

让我们以一个例子来结束本章，帮助我们了解时间在行动中的作用。这似乎是一个简单的例子，与我们在本章前面概述的高风险决策相去甚远，但我们希望它能说明这一点。想象一下，你坐在一辆从伦敦市中心开往尤斯顿车站的出租车上。你将要坐 4 小时的火车回家。这是一个炎热的夏日，火车是中午 12 点开。在过去的 3 天里你工作得非常辛苦，现在你很渴望能尽快回到家。现在的时间是上午 11 点 35 分，所以你有 25 分钟的时间坐出租车去尤斯顿车站。然而，你遇到一个问题：堵车。出租车非常缓慢地向前移动，你开始担心会错过火车。你在想，“也许交通下一分钟就通畅了，我可以快速抵达尤斯顿，然后喝杯咖啡。在上火车之前，我还有整整 10 分钟的时间。”不过，如果继续堵车的话，你肯定会错过那班火车。你知道现在你可以叫司机停车，付钱然后离开，你还有20分钟的时间可以走到尤斯顿。这意味着你得走得很快，但可以准时到达。你很可能最终喝不到咖啡，还有可能会走得气喘吁吁。所以，这是你要做的决策：你是指望拥堵在下一分钟就结束，出租车3分钟就能把你送到火车站？还是你决定下车快步走，让自己汗流浃背、衣冠不整，上气不接下气，也喝不了咖啡，体验一段非常不舒服的回家之旅，但至少还是坐上了火车？你会怎么选？

就时间而言，你可能会犯一些错误。你可能决定得太早，跳下出租车开始走路，1分钟后出租车正好从你身边驶过。你可能决定得太晚，甚至错过了下车步行的时间。在这种情况下，你的优柔寡断会让你失去选择权。相反，你要知道，如果你想搭上火车，你必须在有限的时间内采取行动。

这就引出了第二个问题：你到底想要做什么？你可以痛苦地度过接下来的5分钟，不断地看交通状况、可以绕行的道路、车道是否在加速，不断地思考你能做些什么。但如果不确定你真正的目标是什么，你就不太可能愉快地解决这个问题。你的价值是什么？你赶时间吗？你一定要马上回家吗？还是愿意坐下一班火车？你急着回家是为了什么（你的伴侣，你的孩子）？还是说，只是因为你已经度过了漫长的一天，你想回家，但又不想只是为了不错过火车而让自己汗流浃背、浑身不舒服？如果你重视前者，那么这一次25分钟的步行不可避免，在离火车出发还有27分钟的那一刻，你就必须下车（无论在哪里），因为只有这样才能保证你能回家。如果家里没有让你着急的事或人，那就接受你可能赶不上火车的事实，让你自己舒服一点，喝杯咖啡，甚至还能有时间美餐一顿，放松一下。你最终总会回到家的。

虽然这只是一个日常决策的例子，并不是什么重大决策，但它说明了知道什么对自己来说很重要的必要性。它体现了我们之前的建议，即探索价值能够帮助你制定决策。因为即使是在坐在驾驶室的后座决定要搭哪趟火车这样的小事情上，将决策锚定在对你重要的事情上，也会让你的选择变得更容易。

1% 关键决策工具箱

DECISION TIME

1. 勇敢一点，不要觉得必须马上行动。接受这样一个事实：如果你有一个决策要做，那么从长远来看，“快速决策”可能会减少幸福感。

2. 在做出任何关键决策之前，先问自己一个非常简单的问题：“我需要现在做决策吗？”对我们大多数人来说，多数时候答案可能都是否定的。我们往往会因为想要立即解决问题而鲁莽地做出错误决策。立即回复电子邮件并不是一件好事。冲动会阻碍我们更好地了解情况（发生了什么、为什么发生以及接下来可能发生什么）。

3. 如果你不需要立即做决策，可以考虑制定一个合理的、适度的时间框架。很多时候，由于没有一个外部规定的具体的最后期限，决策就会变得犹豫不决，从而更容易导致回避和惰性。当然，每项决策都不尽相同，因此时间框架也可能不同，但不规定最后期限就意味着持续拖延。要判断自己是否陷入了不断收集信息的拖延陷阱，一个很好的提示就是，看看你每次获得的新信息带给你的帮助和指导是否越来越小。边际收益递减定律是一个很好的提示，说明你正处于一个多谋少断的循环中！

4. 在极少数情况下，如果你确实需要现在做决策，那么就需要考虑最不坏优先原则。为什么？因为如果等太久，可能就会失去最不坏选择，最后你就只能得到最坏的结果。

第6章

何种假设：正确决策需要避免的认知陷阱

我们经常看到新手决策者落入认知谬误的陷阱，这些谬误反而给人一种“正确答案”的错觉，让人没有意识到深入挖掘的必要性。我们将教你如何避免这些谬误，如何在正确的时间参与到正确的认知过程，以及如何最终确保你在正确的理由下做出正确的决策。

杰克原本并没有打算另谋高就，但猎头的来电让他受宠若惊，“嘿！他们竟然认为我可以领导一个庞大的新销售团队！”，这个念头让他越想越心动。最近工作中遭遇的种种不顺，尤其是新老板对他施加的沉重压力，以及团队成员对会议上达成一致行动方案的敷衍了事，都让他感到厌倦。

杰克见了招聘顾问，然后会见了新公司的一位合伙人。他们招聘的这个职位需要每周在伦敦待 3 天，而杰克家在约克郡，他得周二早上离开家，周四晚上回来。他想，这是个问题，不过这样他的妻子康妮就能和两个孩子（一个 5 岁，一个 7 岁）一起享受几天清静的日子了。在与合伙人交谈时，他脑海中闪过了几个关于公司销售的产品目的和价值的疑问，但他都没说出来。这是一个巨大的机会，一个唾手可得的好机会，正好可以帮他摆脱难缠的老板和一个麻烦的团队。他已经迫不及待地想入职新公司了。

杰克采取了行动，但一年后，他就辞去了新工作，尽管他还没有找到另一份工作。他发现新公司并不适合他，他无法融入，而且他内心并不认为那家公司销售的产品很有价值。此外，远离家人给他的婚姻带来了巨大的压力，康妮对于必须独自承担大部分养育子女的责任感到不满，而且他们也很怀念彼此在一起的时光。当杰克孤独地坐在酒店的房间里时，他发现自己无比想家。最后，康妮向他下了最后通牒：婚姻和工作，他只能选择一样。于是杰克递交了辞呈，几周后，他找到了一份薪水较低、声望不高的工作，距离他家只有一小时的车程。

故事并没有以悲剧结尾：杰克从错误中吸取了教训，他和康妮意识到在一起对他们来说有多么重要。但是，如果他在做决策时思维更为“变通”，那么错误的行动本来是可以避免的。因为当你仔细分析杰克做选择的过程时会发现，**他过早地切断了许多可能性。**从猎头找到他的那一刻起，他就对这个新的工作机会感到受宠若惊、兴奋不已，从接到的第一个电话开始，他就过早地做出了决定。结果，本应响亮而清晰的警钟被静音了，他只看到了自己想看到的东西，却忽略了潜在的问题。

杰克可能会发现，花点时间思考一下他是否可以改善原来工作中存在的小问题会很有帮助。当然，那个猎头让他意识到，他原来的职位在有些方面已经不适合他了，但事后看来，如果他当时至少考虑一下自己是否可以在原有的岗位上有所改善，而不是立马跳槽，可能结果会更好。和老板聊一聊是否可以改善一下他们的工作关系？他是否可以对自己的团队做出调整，使他们更加高效？如果原来工作中的问题都无法解决，那么杰克仍然可以再去其他地方找工作，而不是只盯着猎头给他的这一个机会，他是否能够找到一个更合适的职位？

杰克的错误在于，他过快地进入到了只有一个选择的情境，这个选择是别人摆在他面前的，而他自己其实并没有考虑好。从一开始，他就过于关注这个机会，而忽略了其他信号和更广泛的情况，在整个过程中，他选择了那些支持他做出跳槽决策的信息，而淡化了那些本应让他重新评估这是否真的适合他和他的家人的疑虑。

我们现在正处于 STAR 模型的中间，你已经评估了现状和正在处理的问题，并评估了你有多少时间和何时需要做出决策，现在到了使用正确的策略和技巧做出决策的棘手部分。我们经常看到新手决策者犯下的认知谬误，这些谬误给人一种“正确答案”的错觉，却没有意识到深入挖掘的必要性。在本章中，我们将教你如何避免这些谬误，如何在正确的时间参与到正确的认知过程中，以及如何最终确保你在正确的理由下做出正确的决策。首先，让我们来看看我们需要避免的一些陷阱。

了解你的认知闭合倾向，克服决策的个性弱点

适应能力是有效决策的关键，也是 STAR 模型中的第三条重要原则。心理学家早就知道，性格在其中发挥着巨大作用，因为个性特质会影响个人思维的流畅性，这种特质与这样一个事实有关，即进化使我们强烈地偏好确定性而非不确定性。

因此，我们有一个内置的代码，使我们更倾向于心理学家所说的“寻求闭合”（seeking closure）的需求。这意味着，我们自然而然地会去努力弄清楚事情的进展，从而“确定”正在发生的事情，并弄清楚接下来会发生什么。我们急于寻找答案，甚至不惜忽视那些可能引导我们找到正确答案的问题。

为了展示这个过程的威力，让我们做一个快速测试。阅读以下单词：

S _ _R

T_ M_

CH _ _ _ E

你的大脑是否立即填补了空白，想象出一个完整的单词？尽管我们无法确定是哪个词，但我们的头脑仍然觉得最好找一些信息来填补空白。你选择了 star（星星）还是 scar（伤疤），time（时间）还是 tame（驯服），choice（选择）还是 change（改变）？这只是人类在日常生活方方面面中需要填补的一小部分空白，尤其是当我们试图弄清楚正在发生什么和我们要做什么时。

20 世纪 90 年代，美国社会心理学家阿里·克鲁格兰斯基（Arie Kruglanski）提出了“闭合需求”的概念，他认为有些人非常看重确定性，以至于他们对生活中的“灰色地带”望而却步。[1] 对他们来说，世界是非黑即白的：对或错，正确或不正确。然而，在决策的过程中，这种对确定性的过分追求可能会导致他们忽视甚至遗漏一些非常有用甚至是必不可少的可能性。更糟糕的是，在高闭合需求者的思维模式中，那些明确指向特定方向的信息片段往往会被他们选择性地解读，以满足他们想要的样子。

这种思维模式如果走向极端，可能会导致灾难性的后果。克鲁格兰斯基对此进行了大量研究，其中一个典型案例是 1973 年 10 月 6 日埃及和叙利亚对以色列发动的袭击，引发了第四次中东战争，导致成千上万人死亡，尽管以色列最终取得了军事上的胜利，但仍遭受了重创。

对克鲁格兰斯基来说，这场战争最有趣的因素是，尽管情报机构和其他机构收集了大量令人担忧的指标，但以色列似乎对阿拉伯人的袭击感到非常意外。当他进一步探究时，发现两位以色列关键领导人的闭合需求特别高，这导致他们在面对表明阿拉伯人可能计划发动袭击的证据时，选择了固守己见。他们认为阿拉伯人没有合适的武器来发动对以色列的袭击，而且预期这种情况至少要维持 5 年。随着越来越多的证据表明这种想法是错误的，他们干脆就选择了视而不见。

克鲁格兰斯基进一步揭露了一个更为严重的问题：这两位领导人压制了反对的声音。据说，有一次，其中一位领导人甚至直截了当地告诉他的下属，那些胆敢提出阿拉伯人可能发动袭击的人就别想升职了。甚至在战争开始的时候，这些人还坚持自己的立场辩称错误不在他们，而在埃及领导人。尽管用这种忽略信息的模式对我们当前的观点进行事后预测看起来有点奇怪，但英裔美籍学者戴维·霍顿（David Houghton）在对美国总统的决策过程进行研究时发现，这种不太理想的思维模式是导致许多军事危机的因素之一。[2]

根据克鲁格兰斯基的说法，认知闭合需求在决策形成过程中发挥着关键作用，它能使信息处理停止。他发现闭合需求有两种类型：非特异性（不需要特定形式的闭合）和特异性（需要特定形式的闭合）。克鲁格兰斯基和同事们一起设计了一种测试方法，该测试可以表明个体的闭合需求是高还是低。

该测试有不同的版本，为了了解你在认知闭合需求上的程度，请思考你在多大程度上同意下面的 15 条陈述，并在对应的分值下面打钩，完成之后计算出总分。

认知闭合需求测试 DECISION TIME

	1= 非常不同意	2= 中等不同意	3= 有点不同意	4= 有点同意	5 = 中等同意	6= 非常同意
我不喜欢不确定的情况						
我不喜欢有多个不同答案的问题						
我发现有规律的生活很符合我的个性						
当我不明白生活中某件事发生的原因时，我会感到不舒服						
当有一个人不同意团队中其他人的观点时，我会感到恼火						
我不喜欢在不知道自己能从中得到什么的情况下进入一个新的环境						
当我做出决定时，我感到如释重负						
当我遇到一个问题时，我渴望很快找到解决方案						
如果我不能立即找到解决问题的方法，我会很快变得不耐烦和愤怒						
我不喜欢和那些会做出出人意料举动的人在一起						
我不喜欢一个人在说话时话中有话						
我发现，建立一种规律的生活方式能够使我更享受生活						

	1= 非常不同意	2= 中等不同意	3= 有点不同意	4= 有点同意	5 = 中等同意	6= 非常同意
我喜欢清晰而有条理的生活方式						
在形成自己的观点之前，我通常不会征求很多不同意见						
我不喜欢不可预测的情况						

现在，想象一个 0 ～ 70 分的钟形曲线。低分段（0 ～ 15 分）是那些认知闭合需求极低的人。他们根本没有寻求确定性的动机，并能够拥抱开放性。中分段（15 ～ 55 分）的人处于享受一定程度的开放性到对确定性有轻微需求的范围之间，其程度略有不同。参加这项测试的大多数人都属于这一类。55 ～ 70 分是那些认知闭合需求极高的人。他们非常渴望得出结论，经常会因此简化复杂问题，消除不确定性。

劳伦斯的得分为 30 分左右，在闭合需求方面远低于平均水平，因此不太可能像克鲁格兰斯基所说的那样，过快“抓住”一个想法或“冻住”，从而无法适应新的信息，并根据新的证据形成不同的观点。尼尔的得分远低于 30 分，因此他更愿意接受（甚至寻求）不确定性。这并不是一件坏事。想想这本书吧。我们在第 1 章中给你讲的故事是，决策的主要观点（甚至理论）是，人们是理性的，他们利用已知信息在有限的选择中做出选择。然后在实验室中用不同的范式对其进行测试。从“赌博任务”到“购物任务”，大多数决策研究都集中在确定性上。而我们却不同意这种做法，事实上，我们一直在寻找不确定性。我们不想知道人们是如何在封闭的、特定的环境中做出决策的，我们认为这相对来说比较无聊，我们想知道的是，当不确定性最高时，人们是如何做出开放的、不确定的、无比艰难的决策的。也许从某种程度上来说，正是我们自己与不确定性的关系引导我们探索人们是如何处理类似情况的，并由此写了这本书，来帮助你学会面对不确定性（即使你在闭合需求方面得分很高！）。但人们的闭合需求水平各不相同，事实上，我们自己的样本也千差万别。当然，有些人在某些题目上得分很高，而在另一些题目上得分却很低，从而导致最后的得分趋于平均。关于这一点，我们稍后再谈，现在我们先关注高分（超过 55 分）和低分（低于 15 分）的含义。

高闭合需求是人类倾向于缩小决策范畴的一个重要方式。如果你的分数超过 55 分，你就是那种在做计划时想知道时间、地点、要吃什么、之后发生了什么、谁会到场等信息的人。你可能想尽快知道有什么安排，而不是等到最后一刻。如果让一个闭合需求非常低的人来组织一场由闭合需求高的人参加的聚会，会给受邀者带来相当大的压力。同样，让闭合需求非常高的人为闭合需求低的受邀者安排也可能会带来压力，因为受邀者会觉得活动过于正式，不能够允许任何违规行为。尼尔记得最近有一次单身派对，伴郎（兼总策划人）的闭合需求非常高，他安排的行程细化到分钟，包括根据路程计划了出发时间和到达时间。当婚礼上其他人花了太长时间，偏离了计划，或者临时改变计划时，都会给他带来巨大的压力，而实际上其他人都乐在其中。并不是说低闭合需求的人从不焦虑。劳伦斯注意到，尽管他的闭合需求很低，但当他在伦敦为一支特种部队工作时，也有轻微的焦虑，因为他只是被告知工作地点安排在伦敦，时间是上午，但没有具体的时间、地点，也没有说要讲多久。很显然，当时特种部队负责组织这项工作的人的闭合需求也较低。

不过，一切事物都是这样，没有绝对的好坏。低闭合需求有优点，但在关键事件决策方面也有一些缺点。请思考这些问题，并想想它们是否适用于你。

得分低意味着能够容忍模糊性。不确定的情况会给你带来较小的压力。这意味着，当你对已经发生的事情、发生的原因以及可能的结果产生情境意识时，你可以长时间在头脑中对两到三个可能性保持开放，而不会有不舒服的感觉。你可能会反感过快地将选择限制在其中一个可能性上。如果你的闭合需求很高，你可能会想："肯定是这三个选择中的其中一个，我必须马上把它找出来，不然我就会一直感到有压力。"你可能也会发现，根据新情况做出适当调整对你来说压力更大、更困难："这些新情况说明我之前对这件事情的判断是错的，但是，我还是继续坚持我的想法吧，这样要容易点。"相反，如果你的闭合需求真的很低，那你可能是连这三种选择是什么都不知道的人，以至于你会长时间处于不知道的状态中。然而，正如我们前面提到的，有时我们必须快速采取行动。

我们在工作中发现，不同的闭合需求水平在重大事件决策中产生了不同的影响。在克鲁格兰斯基量表的完整版中，还有一些关于闭合需求的子因素需要纳入考虑。它们是：

- 对秩序的高需求 vs. 对秩序的低需求
- 对可预测性的高需求 vs. 对可预测性的低需求
- 当机立断 vs. 优柔寡断
- 回避模糊性 vs. 容忍模糊性
- 思想封闭 vs. 思想开放

显然，你越倾向于需要秩序、可预测性和果断性，你的闭合需求值就越高。但是，如果有人在其中一些因素上得分很高（即他们非常果断，但又能容忍模糊性），那又会怎么样？他们在闭合需求得分上趋于平均，但这并不意味着他们在做关键决策时表现一般。

事实上，我们发现，根据不同分数的组合，他们可能会表现得非常出色。[3] 具体来说，我们在针对调查复杂性侵案件的警察所做的一项研究中发现，具有高决断力（高闭合需求）和高模糊容忍度（低闭合需求）的个体，闭合需求整体得分趋于平均，但他们在复杂的性侵案件中表现非常好。[4] 这很有道理，不是吗？一个调查员应该思想开放，能够处理复杂模糊的信息，但也要非常果断。

我们强调过，任何在心理特质上的极端分值都可能带来问题，因为极端会让你在某些具体情况下表现出色，而在其他情况下却过于脆弱。而且，我们也提到过，处理生活中关键事件的原则是，行动既不能太快也不能太慢，并且要做出适当的调整。我们可以用金发姑娘的格言“不太冷也不太热，这个刚刚好”来总结决策的概念：**情境意识不要过多，决策速度不要太快也不要太慢，信息收集分析不要太多也不要太少。**

即使你确实有一些极端的特质，也没什么坏处。重要的是我们需要了解自己的思维倾向和性格类型。我们每个人都有长处和短处、优势和劣势、积极因素和消极因素，事实上，正如我们所看到的，在生活中某方面的优势也可能在另一方面是劣势。因此，重要的是了解你自己作为个体的运作方式，这样你就可以随时做好准备克服自己在决策方面可能存在的弱点。

识别假设偏见，敢于成为认知吝啬鬼

在人类做出选择的过程中，闭合需求并不是唯一的阻碍。除了我们在个性层面会去努力控制和最大限度地减少不确定性，我们的大脑也会通过采用认知策略来达到认知闭合。

这在很大程度上源于我们所处的世界的规模和复杂性，而我们必须在其中做出决策。每一个生活事件，都存在大量的因果关系，这些因果关系不仅在单一情境下相互作用，而且在不同情境中也会相互交织。重要的是要理清头绪，这样才能解释已经发生了什么、正在发生什么，以及最重要的——接下来会发生什么。同时要承认，这涉及我们从一个单一的（可管理的）视角去理解一个由多种因素交互作用而构成的极其复杂的系统。

这是一项艰巨的任务。问题是我们的大脑通常不能胜任这项任务。在许多情况下，我们无法理解所有的变化和各种各样的可能性。我们无法把握所有复杂的因果关系和相互关系。因此，正如心理学家赫伯特·A. 西蒙在 1956 年所说的那样，我们必须成为“认知吝啬鬼”（cognitive misers），尽可能地减少认知努力。[5]

事实上，从进化的角度来说，我们并不是要最大限度地解释复杂的情况和系统，而是要最大限度地减少对复杂性的解释。因此，我们经常会采用简单的“规则”和“思维方式”去理解复杂性，并试图从中找到支配世界的简单法则。然而问题是，虽然这些规则和思维方式确实简化了我们看待世界的方式，但它们往往以牺牲准确性和良好决策为代价。

早在 20 世纪 70 年代，颇具传奇色彩的心理学家阿莫斯·特沃斯基

（Amos Tversky）和丹尼尔・卡尼曼（Daniel Kahneman）① 就对我们如何通过简化信息做出选择做了大量研究。[6] 他们的论点是，人们依赖于有限的可能性提出假设，这样做虽然总体上来说是有用的，但有时也会对整个过程产生破坏性的影响。例如，如果事件 A 通常导致事件 B，我们将倾向于假设这是事件发生的模式，但这只是一种可能性，隔一段时间，事件 C 会发生在事件 A 之后。

让特沃斯基和卡尼曼着迷的是大脑如何巧妙地操纵我们的判断。他们发现，无论我们多么聪明，多么清楚现实并非我们所想象的那样，我们都会固有地倾向于假设事情会以我们所知道或看到的样子发生。例如，如果我们在高速公路上看到一起撞车事故，我们会觉得自己也很有可能会发生车祸，但实际上，亲眼看见车祸并不会增加我们发生车祸的概率。再如，尽管诱拐儿童的情况极为罕见，但那些处理过诱拐儿童案件的警察却可能更担心自己的孩子会成为受害者，尽管这种担忧风险很小。

特沃斯基和卡尼曼发现，人类大脑会以各种方式施展心理诡计，引导我们做出几乎没有概率依据的假设。更糟糕的是，我们可能会对最不准确的预测抱有最大的信心。特沃斯基和卡尼曼认为，如果人类能够意识到自己身上充满了各种各样的偏见，并努力克服自己的偏见，不让偏见轻易左右自己的判断，那么我们的决策能力就能大大提高。

幸运的是，你可以使用许多策略来克服这些习惯性的思维方式。虽

① 两位心理学家对于决策理论的研究由来已久，二人友谊深厚，多次进行合作研究，他们的理论对心理学、经济学等需要面对不确定性的领域都产生了很大影响。阿莫斯・特沃斯基的《特沃斯基精要》和丹尼尔・卡尼曼的《噪声》中文简体字版已由湛庐引进并策划，浙江教育出版社出版。——编者注

然这些思维方式有时候会引领我们走上一条更轻松的认知路径，但最终会导致我们到达错误的目的地。

修正认知捷径的五个思维技巧

下一次，如果你已经对当前形势做出了评估并对此充满信心，如果有时间的话（这很关键），想想以下几点：

- 反其道而行之：不要只为了证实自己的想法而去寻找信息。在杰克的案例中，他就是在寻找他应该接受这份工作的所有理由。应该主动寻找那些可能会对你的偏好观点带来挑战的信息。因此，杰克应该想想他不应该接受这份工作的理由。
- 所有信息都很重要：不要认为你发现的第一条信息就是最有价值的信息。我们都会受到心理学家所说的“首因效应”（primacy effects）的影响，即更看重第一条信息，而不是其后的任何信息。如果杰克一开始认为这份工作看起来不错，因为薪水比他现在的工作高，但后来发现，扣除税费、酒店费用和差旅费用后，他的收入只会比现在高出一小部分，那么这部分信息就会很有用。同样，不要因为最后一条信息是拼图的最后一块就认为它是最有用的。例如，杰克现在已经了解了所有信息，他决定还是不接受这份工作，但突然雇主说：“我会支付你所有的酒店费用。”哇！突然间，这个问题解决了，所以杰克应该立即接受这份工作吗？不是，除非他真的已经从全局的视角考虑清楚了。这只是解决了所有问题中的其中一个方面，并没有解决其他方面存在的问题，比如家庭关系。

- 如果不是非黑即白的问题，就不要绝对化。我们有时候会倾向于将问题简化为非此即彼，“我的股票暴跌，所以我必须卖出”“我的球队不够好，无法夺冠，所以我必须离开”“我的感情不幸福，所以我应该分手”，生活或许有时很简单，但也并非总是如此。因此，我们往往需要去寻找第三、甚至第四种选择。在杰克的例子中，因为他对目前的工作不满意，所以其他任何选择看起来都比当前更好，尤其是那份光鲜亮丽的新工作。由于急于求成，他既没有考虑新工作的局限性，也没有考虑如何应对新工作可能带来的问题。

- 听取朋友（有时还有敌人）的建议：好的决策往往得益于反复与他人核对你的想法和信息。向他人寻求建议的时候，要扩大范围，不要只找你喜欢的人。事实上，即使是你不喜欢的人或过去没有给过你多少帮助的人，也可能会提供一些有用的信息。不要根据说话的人、他们说话的方式以及原因来对信息做出判断。只需要想想他们说了什么——记住，即使是坏掉的时钟，一天也有两次是对的。

- 审查信息。可以从三个方面进行：你是否掌握了全部信息或是否还存在信息缺口；是否有一些信息前后矛盾或不一致；对于你假设是真实的信息，你是否进行了检验。如果都没有，那么你应该设法填补信息空缺、寻找更多信息，解决信息不一致之处，并检验假设。不过，请记住，寻求更多信息应该是一个有限的过程，在准确性和时间之间你需要做出权衡。

警惕似曾相识的类比模式，做好准备随时调整

我们需要克服的最后一个问题是，我们无法调整决策过程。在第 1 章中，我们介绍了决策的三模态模型理论，即有三种不同的决策策略：遵循已有规则、借鉴过去的经验或做出选择。我们经常会看到，人们以为他们可以照章办事，或者利用已有经验，但实际上却做不到。选择错误的决策过程可能是最糟糕的陷阱之一！

正如我们所见，有一种非常直接的决策方法，可以简单概括为："我上次遇到这类决策时做了什么，有用吗？"如果答案是"有用"，那就再做一次。如果答案是"没用"，那就做点别的。这样的策略非常有用，事实上，在许多情况下，它可以帮助我们快速有效地做出正确的决策："上次我上班时走的穿城路线，结果遇到堵车，让我开会迟到了 30 分钟。这一次，我要走环路。""上次滑雪我冒险尝试了一个大跳跃，结果摔断了腿，需要做手术。这一次我就乖乖待在滑雪道上。""上次我为了约会漂洋过海，结果失败而归。这一次，我得先打个电话确认一下。"但是，有时当你认为自己是再次面临"同样的决策"时，事实却并非如此，又该怎么办呢？如果你只是简单地认为"我会像上次一样做"，你将失去充分理解情境的机会，漏掉真正的故事情节。

让我们假设这样一个场景，可能你曾经遇到过。想象一下，你在一家公司工作，却被拒绝晋升或参与一个项目。你觉得自己被轻视了，但你的老板告诉你再等一等，因为他们 6 个月后会有一个非常大的项目，他们希望你来领导。"哦，这样的话似曾相识啊！"你想到在上一份工作中，老板一直向你承诺下一个机会马上就会到来，却从未实现，你在公司又浪费了 18 个月才最终离开。"这次不会了"，你想，然后你吸取教训，开始关注招聘广告。

但是，等一下，如果这次情况和上次不一样呢？如果这个老板说的是实话怎么办？如果你将这次跟上次进行类比，在当时看起来好像是对的，事后却发现情况其实并不相同怎么办？也许这家公司最近有很多新业务（而你的上一家公司其实是在勉强维持生计）。如果你的老板总是很重视你，给你很好的评价，并告诉你他们对你制订了长期发展计划，你会怎么办？这些迹象是否表明情况有所不同，因此你最初的类比可能是错误的？

心理学家将这种倾向称为“类比决策”，它指的是通过用过去事件和现在事件之间进行类比，来帮助你预测如果你做出某种决策会发生什么。类比是非常强大的决策工具，如果使用得当，可以通过运用上次我们在遇到类似情况时所学到的经验，为当前不确定的情况带来很多新信息。然而，尽管这种决策模式在我们生活中非常普遍，但只有在我们面临的情况与之前完全（或接近完全）相同时，它才能奏效。虽然许多情况是可重复的——买咖啡、去健身房，但我们不太可能一次又一次地经历完全相同的情况。而且，最关键的是，即使是情境中的一点点差异，都可能让一切变得完全不同。

我们经常看到人们使用了错误的类比，一次又一次地认为他们面临的是同样的情况，而实际上并不是。我们会经常在电影中看到这样的场景，不幸的是，这也经常发生在我们周围人的决策中。在这些情况下，人们使用了错误的决策策略。他们基于过去的经历进行类比，根本不花时间思考当前的情况是否有所不同，是否需要一套全新的决策流程：情境意识、选择、价值识别。我们必须知道什么时候应该停止沿用旧策略。我们经常用一个例子来说明不合理使用类比带来的问题，那就是 2011 年美国前总统奥巴马面对叙利亚内战时该怎么决策的情况。这不是一个容易的决策：无论从哪个方面来看，都有发生灾难的可能性。这个决策是一个典型的最不坏决策：怎么做都没法保证成功，而且行动拖得越久，就越有可能让更多的人付出生命的代价。

2011 年夏天，当这个决策摆在面前时，我们想了解总统是如何处理这一情况并做出决策的。他做决策的方式经常被公开讨论，因此我们可以深入了解他是如何解读局势、展开情境意识、实施潜在计划，以及确定可以采取行动的时间的。我们审查了超过 438 份文件，从演讲到新闻讲话，其中有超过 4 700 处提到了叙利亚和叙利亚内战。

从分析中可以清楚地看出，奥巴马是如何通过类比来引导自己的思考过程的。这并不让人意外，毕竟大多数总统都倾向于使用这种策略，就像其他大多数人一样。但是，他用来类比的所有历史事件都分别来自不同的国家，叙利亚当前面临的局势与 20 世纪 80 年代的伊拉克、利比亚和阿富汗面临的局势并不相同。最后，美国选择了不采取行动——虽然我们不可能会知道如果当时采取行动会有什么结果，但也很难想象会有比此后发生的事情更糟糕的结果。

从这里我们得到了一个简单的教训，那就是要学会适应。在生活中，你经常会面临一些决策，它们看起来和感觉上都似曾相识。然而，尽管如此，你还是需要问问自己，历史是否真的在重演。而且，正如我们在前几章中概述的，你不应该寻找证据来证实历史正在重演，而应该去寻找证据来确认历史是否正在重演。这无疑需要勇气，你要准备好接受这样一个事实，即如果这不是你以前经历过的事情，而是一种独特的经历，那么你必须准备好适应和接受这一点，你无法在认知上走捷径。

你必须做出选择。好消息是，知道自己正在面临选择并做出选择，要比以为自己面临的是过往经历过的情境，甚至不接纳选择过程要好得多。

1% 关键决策工具箱
DECISION TIME

1. 训练你的思维，让你的思考更清晰、更理性，并在各种想法之间建立逻辑联系。我们知道，有效的思考不仅仅是掌握知识，还要了解我们在评估任何事情时对不同要素赋予的权重，并根据自我认知重新调整其中的一些要素。

    - 练习反逻辑思维："如果我这样做会怎样？""如果在这种情况下改变某个变量，我会改变主意吗？"
    - 了解自己的倾向：觉察到自己的高闭合需求并不是一件容易的事情，这需要你有意识地改变自己的思维模式和行为模式。留意你处理问题的方式，不要因为某种方法一直有效，就认为它总是有效，也不要停止尝试不同的看待事物的方式。试着从另一个角度思考问题，试着想象自己站在别人的立场上，看看这是否会改变你看待事物的方式。你是因为认知闭合而想着尽快结束吗？你是否愿意接受不确定性，而牺牲认知闭合的需求？就像第 3 章中的最优者一样，重要的是了解你自己的倾向，以及你何时需要利用它，何时需要克服它。
    - 识别你的偏见，并关注推理和假设之间的区别：记住你只有意识到偏见才能克服偏见，警惕常见的思维错误，不要让你的思维过程被幻觉和误解所笼罩。

2. 当你认为自己以前经历过类似的事情时，要持批判的态度。你是否找到和上次相同的证据与你是否找到证据证明这次和上次完全相同，是两件不同的事情。

3. 做好准备随时调整。如果与以前进行类比是错的，要知道何时应该放弃。拥抱新机会——如果出错，毕竟你学到了新经验，以后也可以借鉴。但不要错误地认为自己以前经历过，而实际上并没有。

4. 勇敢接纳复杂的选择。或许使用类比法在认知上更容易，不用像新决策那样需要进行深入思考，但如果你能在决策中遵循自己的价值，会有更大的收获。

第 7 章

何时修正：遵循你内心深处的价值

好的决策是关乎平衡的思考。考虑太多会让我们陷入兔子洞，考虑太少会让我们没有机会仔细斟酌，找到最好的决策。坚持和改变同样重要。

作为马萨诸塞大学洛厄尔分校的教授，我（尼尔）最近曾与一位名叫泰勒的年轻本科生共事。我们是在一个实习项目中认识的，当时我们被 Facebook 和美国国土安全部招募来开发一个在线程序，帮助年轻人避免受到网络极端主义的影响。泰勒想推出一个教育平台，向全美各地的青少年教授基本的网络安全知识。因此，他和 4 名同学一起创办了 Opcration250，并开始启动和运行他的项目。几个月后，虽然泰勒的项目进展顺利，但他的生活过得并不宽裕。他曾睡在朋友家的沙发上，后来租住在各种廉价的房子里，甚至一度住在自己的车里。他大部分时间只吃面条。12 个月后，泰勒的项目获得了超过 100 万美元的资金。他通过努力获得了马萨诸塞州政府颁发的著名奖项，联合国教育、科学及文化组织关于青年领导的关于打击暴力极端主义的工作手册也对他的方案进行了专题介绍。最重要的是，他能够养活自己，并且成了一名青年企业家，一家公司的首席执行官。

泰勒的故事体现了许多成功故事中的共同点——当我们做出的决策似乎不尽如人意时，请坚持，不放弃。你可能听过这样的故事：美国国家航空航天局在向太空发射火箭的 28 次尝试中经历了 20 次失败；亨利·福特在创立福特汽车公司之前，早期由于生意失败破产了 5 次；托马斯·爱迪生尝试了上千次才最终发明了灯泡（在他的成长过程中，他的老师也告诉过他，他太笨了，什么都学不会）；儿童文学家苏斯博士（Dr. Seuss）在出版他的第一本书之前，曾被 27 家出版商拒绝；迈克尔·乔丹因为不够优秀而被高中篮球队除名。在以上所有案例中，主人公最终都坚持了下来。尽管困难重重，尽管失败累累，尽管所有的信息都告诉他们应该放弃，但他们知道什么时候该继续坚持。

另一方面，你可能也听过这样的成功故事：有人意识到他目前的道路并没有给自己的生活带来他所渴望的幸福，于是决定做出巨大的但往往是冒险的改变。雷·克罗克（Ray Kroc）是麦当劳的创始人，在 1954 年 52 岁的他买下麦当劳之前，他是一名奶昔设备销售员。王薇薇（Vera Wang）如今是世界顶级设计师之一，她在 40 岁进入时尚界之前，曾经是花样滑冰运动员和记者。美国第 40 任总统罗纳德·里根一生大部分时间都在好莱坞当演员。乔纳·佩雷蒂（Jonah Peretti）在创办新媒体网站 BuzzFeed（该网站经常根据你的早餐订单预测你会成为《老友记》中的哪个角色）和《赫芬顿邮报》之前，曾是一名中学教师，教过微软办公软件的使用。在所有这些案例中，这些人都能够在没有任何证据证明他们的新计划、新职业会成功的情况下，勇于改变现状，做出重大的决定。

谈论成功故事很容易，但我们经常忘记谈论那些更常见的情况，即人们要么不够坚持，要么过于坚持。我们都会有这样的朋友，他是你认识的人中最有趣的，能逗得每个人都哈哈大笑，却从未在脱口秀俱乐部的舞台上一展风采。或者是一位热爱健身和注重健康的朋友，他甚至在社交网站上开设了分享自己训练技巧的页面，却缺乏在职业生涯中追逐梦想的勇气。我们都会认识这样一些人，他们有着巨大的潜力和天赋，但他们害怕失败，不敢接受失败的可能，也不敢坚持到底。他们一听到负面反馈，就会被其打败。或者，更糟糕的是，他们对负面反馈的恐惧甚至让他们不敢去尝试。

这是决策 STAR 模型的最后一部分：知道何时该坚持到底，何时该调整方向。R，表示何时修正。想要做出充满能量并能真正影响我们生活的决策，我们就必须能够识别哪些因素常常让我们故步自封，不能够接纳我们目前的职业、关系、饮食、行为（无论是什么），让我们无法实现所追求的目标，也必须能够识别出哪些因素让我们无法克服困难并坚持到底。我们需要时刻关注自己的生活、动机和价值，最重要的是，由此而带来的生活方式。因为只有将其放在核心位置，对自己坦诚，了解什么对我们重要，并愿意为此做出改变，才会使我们的行为与价值保持一致，这是合理决策的基础。

为什么我们更愿意维持现状

当我们知道自己需要做出改变时，是什么阻止了我们？

事实是，我们在心理上有一种习惯，就是倾向于维持现状。这种人类思维运作的独特习性，深深扎根于人类的认知土壤中，人们对其做了大量的研究。但我们鼓励你超越人类本能的束缚，因为在事情不顺利时，如果你能采取行动，你就会获得成功。

让我们先从心理学的研究发现开始，看看我们的大脑在接受或避免改变时是如何工作的。

维持现状偏见

我们前面提到过，人们对待改变的态度的核心是：人类内心最深处的恐惧是损失。因为改变不可避免地会带来损失和收益，即使我们希望取得积极的结果。损失总是在我们的脑海中反复出现，我们的大脑就像一个被设定好的程序，要求给予损失最大的关注。有趣的是，研究表明这是有神经学原因的。[1]似乎大脑是在“奖赏区”（大脑中被激活的部分）处理“收益”的问题。例如，当我们饿了享受食物的时候或是获得意外的工资奖励时，这部分脑区就会被激活。但是，“损失”是由大脑中负责强烈负面反应（如厌恶或疼痛）的部位进行处理的。这些是我们大脑最不想参与的部分，这项研究暗示了我们为了避免损失做出了多大的努力，甚至因此不去执行那些可能会给我们带来巨大收益的计划。

我们不仅害怕损失，而且特别害怕那些被认为是我们自己造成的损失。这反过来又让我们认为，有害的行动比有害的不作为更糟糕。从本质上讲，我们似乎被设计成“自保”地生活，或者说“顺其自然”。无论我们如何大谈变革的好处，我们的内心深处都不想承受变革失败可能带来的痛苦。我们宁愿接受不作为以及随之而来的负面结果，也不愿主动采取行动，因为行动有可能会带来损失。所谓的“电车问题”（the trolley problem）就是很好的例证。

假设你在一家运输公司工作，负责运营一条从 A 地到 B 地的电车线路。你控制着两条轨道——北侧轨道和东北侧轨道，在这两条轨道上，你控制着一辆 1 吨重的电车，该电车可载约 80 人。你可以通过监控器查看轨道上是否有人。电车无法停止，只能转向。目前，它正向北行驶。

当你在查看监控器时，你发现东北侧轨道上有一个孩子。你得想办法解决这个问题，但谢天谢地，你的电车没有向东北方向行驶，但随后，你在监控器上看到两个孩子闯入了北侧轨道，电车还有 10 秒钟就会与这两个孩子发生不可逆转的碰撞。除非你在接下来的 8 秒钟内将电车转向，否则两个孩子都会死。但如果你把电车转向东北方向，那就是把它引向了东北侧轨道上的那个孩子。如果你转向，你就是在判处那个孩子的死刑。你还有 4 秒钟的时间——你要杀了那个孩子吗？ 3，2，1，你转向了吗？

许多人发现很难直接采取行动，让电车转向去撞死一个孩子，大多数人宁愿什么都不做，即使这会撞死两个孩子。原因是什么？主动地采取行动，比起不作为、任由事情发生，会让我们更加感受到肩负的责任，即使这似乎最终会导致更糟糕的结果，至少从理性和客观的角度来看是这样。归根到底，我们不愿意采取会造成损失的行动，为此宁愿承担更多的损失或更糟糕的结果，只要我们内心认为不作为（任由电车前进）与结果之间的关系，相比于我们有目的地采取的行动（把手放在拉杆上，让电车开往有一个小孩的方向）与结果之间的关系来说，更具有随意性。

当然，这是一种极端情况，但问题的关键是，我们往往难以摆脱想要维持现状的心理（即使它们很糟糕）。事实上，我们有这种感觉并没有错。至少我们并不总是错的：一些心理学家认为，维持现状往往是完全合理的。例如，安妮每天总是沿着同一条河边小路散步，她确切地知道自己什么时候走了 5 000 步，什么时候可以返回，而不必去“思考”路线，这意味着她可以专注于其他事情，比如听听音乐或播客。此外，她喜欢在同一个环境中欣赏四季变化。当然，改变路线可能会带来各种各样的发现和乐趣，但维持现状为安妮释放了精神能量，这就是她喜欢散步的原因。同样，比尔有过一台苹果电脑，他坚持只用苹果电脑，因为他了解苹果公司的产品，不想花时间再去适应一个新系统。当然，其他产品可能会带来新的可能性，但这不是他现在所追求的。他需要用电脑来完成工作任务，他知道自己可以用这台电脑完成什么任务，且不需要在技术上花费时间，这个好处远远超过了新系统可能带给他的好处。

维持现状的思维还有其他积极因素。例如，我们经常认为，一套特定的制度或生活方式经过多年的磨炼，它一定是更好的。有时确实如此。这种假设让人感觉某些做法和传统值得被尊重和珍惜。例如，在婚礼上，一些新人举办某种仪式，因为他们的父母就是这样做的，他们父母的父母在之前也是如此。在这种情况下，维持现状是对过去积极因素的一种尊重，也是一种向前辈们致敬的方式，是他们让我们的道路更加平坦。这关乎致敬和感恩，这些都是我们生活中有意义的元素。但与此同时，筹备过婚礼的人都知道，我们经常面临的决策是，我们得同时兼顾“传统做法”和“让我们开心的做法”。此时，你就必须有认清现状的思维——你做某件事是为了不做其他事情（只用苹果电脑），还是因为这是你最好的选择（苹果电脑是最好的）？

也许你有时会想，“我为什么要做这个？”或者“我为什么这样做？”正如全世界人所经历的那样。一个明显的例子就是旅行。当新冠疫情期间英国第一次进入封锁状态时，我（劳伦斯）的一个想法竟然是，“谢天谢地，我不必飞到华盛顿特区做一场 15 分钟的演讲了。”当我发现自己有这种想法的时候，我突然感觉这件事是如此荒诞。几年来，我都会花 1 小时去机场，2 小时坐飞机，在飞机上待 10 小时，再花 1 小时坐出租车去酒店，离开家人整整两天——只为了做一场 15 分钟的演讲，然后返程的时候再将以上的疯狂行为重复一次。一想到我的碳足迹、对家人的失职，以及自己无脑接受命运、缺乏思考的行为，我内心就升起一种羞耻感和忏悔之心，因为我一直都在这样做。

在我们的日常生活中，有多少事仅仅是为“维持现状”而去做的，这着实令人吃惊。大多数事情都没问题，因为确实不需要改变。例如，如果我睡觉时突然决定睡在妻子常常睡的那一侧，她会觉得特别奇怪，如果我还经常变来变去，不可预测，她就会觉得更奇怪了。然而，有一些我们按部就班制定的重要决策，可能会带来严重后果。

现在请你反思一下，你能想到或写下改变现状可以给你带来的两个积极改变吗？如果不是迫不得已，你会主动做出这些改变吗？如果不会，为什么？就我而言，在旅行方面，我已经陷入了一种惯性，但遗憾的是，我从来没有仔细考虑过这种惯性，尽管它已给我带来了压力，让我远离家人，并且让我感到疲惫不堪（更不用说对环境的影响了）。当我们一直忙忙碌碌、做那些我们总是在做的事情时，我们并不总是有时间给自己留出思考的空间。我不得不承认，在我自己的“疯狂版电车问题”上，只有新冠疫情才让我停下了脚步，在此之前，我不断向前冲，从未停止，甚至从未考虑过调整方向，这太可悲了。更可悲的是，我原本应该对此更加保持清醒才对！

我们在第 2 章中讨论了压力促使我们前进的必要性，但我们不应该总是依靠外部力量来迫使自己做出改变。我们需要暂缓脚步，进行一次“向外看的时刻”，重新评估什么对我们来说是重要的。请务必确保阶段性地给自己一些时间来进行评估和思考改变。我们许多人都有过这样的经历，即在经历了改变人生的重大事件之后，比如生孩子、结婚、濒死经历或度过健康危机，我们的优先事项和价值观会发生改变。但请记住，如果你的价值观指导着你的决策，那么当你的价值观发生变化时，你的某些决策也必须随之改变。否则，你就有可能像梦游者一样，慢慢陷入这样一种境地：你做的一切看似如常，但实际上却慢慢地侵蚀了对你来说真正重要的东西。我们将在下一章中详细讨论这个问题，但空间和节奏对做出改变都很重要。

不要停止尝试新事物

在为执法部门和军队提供决策培训时，我们常说的一句话就是要敢于尝试新事物——不要向我们展示你通常会怎么做，要尝试我们教给你的新方法。在训练场景中，就算你未能阻止叛乱、核电站爆炸、病毒传播或城镇淹没，这都没有关系，因为这些都不会导致真正的后果。但如果你敢于尝试新策略并取得了成功，那么你的决策库里就会多出一件新武器。我们有时需要考虑让电车转向的后果，因为它带来的后果可能比我们当前的处境更好或更不坏。尝试后失败，总比从不尝试和从不变化要好。

然而，尝试新事物需要付出有意识的努力，有时还需要冒不少风险。有一些关于精英滑冰运动员和优秀滑冰运动员之间区别的精彩研究。[2] 如果你花时间观察精英滑冰运动员和优秀滑冰运动员的训练，你知道会看到什么吗？精英们花在臀部训练上的时间要多得多！为什么？因为他们要尝试更高难度的技巧。如果你玩过滑冰，你就会知道摔倒时屁股有多疼，这也许就是为什么只有少数运动员愿意一次又一次地忍受这种经历。这也是为什么你经常听到有人说，成年人需要采用“像孩子一样”的学习框架，更多地参与探索。与成年人不同，孩子们不那么拘泥于现状，不那么害怕失败，更愿意尝试。

就像这本书中的许多概念一样，好的决策关乎权衡。考虑太多会让我们陷入兔子洞，考虑太少又会让我们没有机会仔细斟酌，找到最好的决策。坚持和改变是一样的。变化太多，我们就永远无法向前推进。我们都知道有人频繁更换职业。在 20 多岁的时候，我们还有几十年的职业生涯要走，这样做可能没什么问题，但如果到了 45 岁，我们还不断地从新的入门级工作开始做，只能够勉强支付养老金，也没有真正建立任何专业积淀，这就没什么帮助了。另一方面，我们认识的一些人（或许就是我们自己）在目前的职位上已经达到了“天花板”，他们知道唯一的出路就是改变，但就是不去实现这一飞跃。

也许你现在对自己的处境已经有所了解。你是一个拥抱变化的人吗？当一个新的机会出现时，你会改变方向吗（就像第 6 章中的杰克那样）？还是你是一个过于安于现状、墨守成规的人？正如我们所看到的，这与你是否了解自己的优势和缺陷有关，通过这样的觉察，你就能知道在决定拥抱变化时，你的内心中是什么在阻碍着你。

坚毅

近年来，“坚毅”（grit）这一概念已成为心理学研究的热门概念之一。宾夕法尼亚大学的心理学家安杰拉·达克沃思（Angela Duckworth）是这一领域最成功的研究者之一，她花费了近 10 年时间研究“坚毅”这一人格特质。我们经常探讨那些拥有坚毅特质的人，从直觉上我们知道这与潜心钻研、迎难而上等性格特征有关。达克沃思试图准确定义什么是坚毅。在她看来，**坚毅是指为取得长期成就而投入的热情和持续的毅力，而并不在意途中得到的奖励或认可。**[3]

达克沃思的工作重点是研究如何衡量坚毅的程度，从学龄儿童到武装部队成员，她制定的量表如今已被广泛应用。随后，她开始研究坚毅的效用，坚毅的人在压力下、在工作中，甚至在人际关系中的表现如何，总的来说就是坚毅到底是好事还是坏事。

她最初的一项研究是在美国西点军校（被称为“野兽军营”）针对精英学员进行的。[4] 达克沃思在暑期训练的前两三天给学员们做了一份关于坚毅的简短问卷以及其他心理测试，如智商测试和大五人格测试。在所有测量的变量中，坚毅程度是最能预测哪些学员会在第一个艰难的暑期训练之后留下来的，尽管有严格的录取标准和筛选程序，但平均每 20 名学员中就有 1 人退出。更有趣的是，达克沃思和她的同事发现，坚毅程度也可以预测哪些人会在全国拼字比赛中获得成功，以及常春藤盟校学生的平均成绩。另一项研究发现，比起认知能力或体能，坚毅对于西点军校学员完成艰苦的军事训练的作用更大。[5]

坚毅与决策之间有什么关联吗？毕竟，决策不同于军事体能考试。传统想法认为，好的决策需要智力和认知能力。虽然确实如此，但仅凭认知能力是不够的，决策通常还需要非认知能力，如良好的睡眠、适当的营养和控制情绪（见第 3 章），帮助我们在困难时渡过难关。

这就是为什么在做出最不坏决策时，坚毅尤为重要。为了克服恐惧、怀疑和不确定性，以及现实世界中面临的所有压力，你必须有能力应对你可能收到的任何负面反馈。我们可以想想克劳迪娅的案例，她是一位英国医生。在过去的几年里，她努力发展急性产前心脏病学的专业，为了成为该领域的顾问，她现在要被派往国外任职一段时间。从这个意义上说，克劳迪娅和她成为顾问的梦想之间唯一的障碍就是在加拿大工作一段时间，那里是磨炼她技能的最佳地方。她已经花了很长的时间学习，参加了无数的考试和面试，现在她必须离开英国的家，带着两个孩子搬到国外。至此，许多人都能理解克劳迪娅，她可以随时两手一甩，大喊一声："我受够了！"但她没有，她是坚毅的。正是这种坚毅，能够让我们克服种种不舒服的感受以及负面反馈，让我们能够长久地坚持我们的决策，直到付出获得回报。

现在想想你已经做出的决策：也许是决心减肥，也许是参加一项新的运动，也许是修一个非全日制学位来提高学历。结果你真的实现了其中一个目标。这个过程容易吗？自始至终都一帆风顺吗？你是否从一开始就坚信自己的选择是对的，而且从未有过自我怀疑？答案很可能是否定的。大多数决策，至少那些真正重要的决策，往往都是艰难的。在早期，你会有怀疑自己的时候，你有可能会选择放弃，回到现状，去做你认为最容易的事情。此时正是坚毅发挥作用的时候。

在已知结果中决定孰对孰错是一个认知过程。计算出最好或最坏的结果，然后做出选择。最不坏决策，即那种你既要用心又要用脑的决策，通常需要毅力、决心，以及相信自我的能力。

当泰勒睡在车里，等待他的项目成功时，你认为他有过疑虑吗？可能有。你认为迈克尔·乔丹被高中篮球队除名时有过疑虑吗？大概有。但这并不重要。因为即使他们心存疑虑，他们也坚持了下来。今天，我们因为他们的成功而认识了他们。在许多情况下，在我们做出决策后，回报并不是立竿见影的。我们不会立即获得收益，我们可能得不到赞美，无法立即品尝快乐的滋味。相反，我们必须忍受、坚持、内心充满毅力，并坚持到底。只有这样，我们才能更快乐、更健康地度过这段时光。因此，重要的不仅仅是做出决策，我们还必须坚定信念，即使事情不尽如人意，我们也不会放弃。

避免沉没成本

还有一点需要注意，这也是我们在本书中反复强调的——虽然毅力和坚持非常重要，但我们也需要知道什么时候该适可而止，及时调整路线。

我们都知道有些人就是不会放弃，他们会执着于一个注定会失败的想法，因为他们坚信，只要投入更多，一切就都会好起来。这是一个陷阱，人类经常会落入其中。

我（尼尔）18 岁的时候，参加了一个滑雪季项目，住在瑞士的山区。酒店早上为客人提供早餐，员工工作完后整个下午都可以在外面滑雪，然后及时回来提供晚餐服务。这是一种公司化的商业结构，公司招募尽可能多的年轻人，给他们提供住所、食物、滑雪通行证，以及尽可能少的合法薪酬作为回报，他们则在滑雪场的酒店内全职工作。公司内部形成了一种有趣的小型圈子，我们称之为“季节工”——那些在滑雪季工作的人，而不仅仅是过来度假一周的人（这在季节工和其他人之间形成了某种有机的度假等级制度）。到了滑雪季的第 3 个月，老板会过来问大家，下一季你们想去哪里。员工们可以选择一个国家和度假胜地，然后确定他们下一个冬天会去哪里。我记得当我说我只做一季，因为我要上大学时，老板投来的奇怪眼神。我还记得我遇到过的那些人，尽管他们过着这样妙不可言的滑雪加旅行的生活，但他们被困在这个微观世界中，从未改变或打破过季节循环。我的一个朋友，在我参加滑雪季项目时他已经参加了 6 次，他告诉我，其实他讨厌滑雪季，但他仍在继续，因为他只想凑够 10 次。

这是我们抗拒改变的另一个原因，即不是因为害怕做新的尝试，而是因为害怕失去我们原本所拥有的。这就是所谓的“沉没成本”，其原理是这样的：如果我们已经在某件事上投入了精力，我们自然会想要坚持下去，因为我们会认为，只要我们继续投入精力、时间或金钱，甚至以上所有，这件事就会变得更好。现在，当你读到这里时，你很可能会想“当然”，因为这是我们大多数人的核心本能，而且这种本能往往非常有用，它激励我们面对家庭生活中出现的困难，因为我们知道与伴侣或孩子建立牢固的纽带非常重要，即使有时候我们想要放弃，也会坚持下去。

但你要考虑到沉没成本也可能对我们不利，因为它会导致我们让过去的选择影响当下及未来的选择，这样会阻碍我们重新评估和恢复活力，不利于让我们的生活保持新鲜感。它的弊端在于它迫使你坚持一种让你不开心或更糟糕的生活状况。而且，你在人际关系、职业发展或生活环境方面投入越多，你就越不愿意放弃这些投入，即使你知道有其他选择可以给你带来更幸福、更充实、更成功的生活。在我们的大脑中，“损失”的声音又一次响彻云霄：你在大学里度过的所有时间，以及你为了提升自我付出努力的岁月，又该怎么算呢？你和伴侣一起努力改善关系付出的时间，又该怎么算呢？更不用说你们在夫妻咨询方面投入的时间和金钱了。

这里有一个大学中的例子，它说明了沉没成本是多么普遍，我们是多么容易被已经付出的事物所困住。这个故事的主人公是德斯蒂尼，她在英国一所顶尖大学学习商科，并以优异的成绩毕业。不出所料，她随后被伦敦一家顶级商业公司的校招计划录用，并最终领导着一个 15 人的团队，管理着一项价值数百万美元的投资组合。

这一切听起来不错，对吧？问题是，德斯蒂尼从来都不喜欢做生意，她越往上走，就越难转行从事别的工作。毕竟，她已经投入了这么多。在大一的时候，她被告知要想换专业，她必须放弃过去一整年的努力，同时还要再支付一年的学费。等到毕业后，她已无法再去攻读另一个学位，10 年后，她已经做得很好了，无法放弃工作重新开始。

她越是成功，就越难放弃自己的道路。从她上大学的那一刻起，这些沉没成本就开始增加。值得注意的是，美国大学有一项宽松得多的政策，这意味着学生可以去上“未申报”的课程，而不必承受和专业学生同样的压力。如果他们想的话，几乎可以随时换专业，不过这可能会导致相反的问题，即人们可能在大学里待了好几年，到毕业时也不知道自己想学什么专业！和其他所有事情一样，这涉及平衡问题，我们需要重视自己的投入，这样才不会放弃重要的事情，但我们也不能被它所困，以至于在不开心的时候还无法改变道路。

当我们在某件事上投入时间时，我们会期望自己能坚持下去，觉得中途退出就代表着失败。不出所料，研究发现，投入的多少与我们坚持的程度之间存在直接相关性。在美国的一项研究中，心理学家让人们想象他们在同一个周末重复预订了两次旅行。[6] 一次是去蒙特利尔，另一次是到坎昆。他们必须做出选择，当被告知两个目的地机票价格差异很大时（一个航班的价格为 200 美元，另一个为 800 美元），绝大多数人选择了更昂贵的旅行，即使他们更喜欢便宜的目的地。

奇怪的是，投入对我们的影响不仅限于我们自身，我们也会因为他人的投入而改变自己的行为（或维持现状）。这里有一个例子，想象一下，你正在参加一个提前付费的晚宴活动，到了宴会上，主人问你要不要吃蛋糕，虽然它看起来很漂亮，但你不饿，所以你拒绝了。但你的伴侣提醒你：“晚宴花了一大笔钱，我们以前从来没参加过这样的活动，去吧，犒劳一下自己！”有时候，迫使我们放纵的原因只是因为有人提醒我们，我们原本打算拒绝的这块蛋糕花了别人多少钱。

因此，人们的投入——不仅是我们自己的，有时也包括别人的，是我们感到有义务不能忽视的东西。这意味着，还有另一种内在的拖延机制会阻止我们做出改变。而实际上，改变本身与有效决策是相辅相成的。

知道何时应该拥抱荆棘，何时应该果断放弃

说到这里，你可能会感到毫无头绪，认为整个章节都是在绕圈子，我们劝你在困难的时候坚持下去，然后又说要勇于改变现状，不要执着，因为改变对你有好处。你现在可能会对这本书大喊：“到底要我做什么？”你怎么知道到底要不要继续坚持？而且，你怎么知道什么时候该坚持，什么时候应该停止在一件可能会失败的事情上继续投入成本（而实际上你并不知道它是否真的会失败）？

要回答上述问题，你需要了解两件事：

1. 你坚持的理由或者说你不再坚持的理由是什么？
2. 你目前为之奋斗的目标对你来说是否真的很重要？

知道自己为什么坚持非常重要，事实上，这是“坚毅”和“不撞南墙不回头”之间唯一的区别。前者是渡过艰难时期所必备的个人能力；后者是在没有任何积极收获的情况下，仍然固执地坚持不放弃的

牛脾气。两者之间的区别很微妙，即使专家们从理论上来看也很难厘清两者之间的关系。我们应该如何去衡量，什么时候坚持反倒成了一个问题？

我们的一位同事马修·克雷恩（Matthew Crayne）提出了“坚持是一把双刃剑”的想法。他和他的同事马修·霍华德（Matthew Howard，南亚拉巴马大学的一名研究人员）一致认为，一些形式的坚持（如坚毅）是好的，它让人们在困难的时候坚持下去，正如我们在达克沃思的研究中看到的那样，坚毅程度能预测成功。[7]但有些坚持并没有太大的意义，比如花 10 多年的时间来维持一段失败的婚姻或者长期忍受一份不合适的工作。他们提出，坚持大致分为三种形式：

1. 在坚持中克服困难。
2. 在坚持中克服恐惧。
3. 不适当的坚持。

下面我们列出了评估上述形式时经常使用的一些描述，这样你就可以看到，虽然所有形式都属于坚持，但这三种形式实际上又完全不同。同样，当你阅读以下每一句话时，想想你在多大程度上感到认同，这是否与你的情况相同？

1. 在坚持中克服困难：
    - 在遇到困难时，我会坚持下去。
    - 人们说我是一个即使遇到困难也会坚持完成任务的人。

- 即使很难理解，我也会读完一整本书，直到理解为止。

2. 在坚持中克服恐惧：

- 我倾向于直面恐惧。
- 即使我感到害怕，我也会一直停留在那个环境中，直到完成我要做的事情。
- 即使我感到害怕，我也会坚持不懈。

3. 不适当的坚持：

- 有时我发现自己会一直做一件事情，即使没有继续下去的意义。
- 有时我会一遍又一遍地做同样的事情，但我认为这样做很正常。
- 即使我知道这样的行为毫无价值，我也会继续做下去。

看完以上描述，你认为自己比较符合哪些？第一组描述呢，与你克服逆境和困难并继续前进的能力有关。如果你的回答是“是”，说明当情况变得艰难时，你显然会坚持下去。当你遇到困难和挑战时，你不会因为这件事太难或不顺利而选择逃避，你会接受挑战。如果你的回答是“否”，那么你可能一遇到阻碍，就会很快放弃。

第二组描述呢，这些描述符合你吗？如果是，那么你有能力在害怕的情况下坚持下去。也许现在你对自己有了更多的了解，因为我们不仅要了解你是否会坚持，还要了解你为什么坚持，以及为什么不坚持。如果你感到害怕或觉得很困难，你是否有可能放弃或回避选择？也许两者都有？与所有事情一样，了解让你回避挑战的深层次原因，是让你直面挑战的唯一方法。

这就引出了坚持的第三种形式，实际上也是最有趣的一种形式——不适当的坚持：即使你从中一无所获，也要坚持下去。你是如何看待第三组描述的？这些符合你的情况吗？如果是，这意味着你有一种为了坚持而坚持的倾向。不适当的坚持的例子有：我们试图和以前的伴侣保持朋友关系，只是因为我们认为自己应该这样做（尽管这不会给我们带来任何快乐）；我们自己拆开热水器，而不愿意打电话给亲戚朋友寻求帮助，因为我们认为只要继续拧螺丝就可以解决问题；在职场中，有可能是我们非要坚持一个注定会失败的项目，让公司在一些明知没有用的事情上花费时间和金钱；在政治领域，有可能是向一场无法获胜的战争中投入越来越多的兵力。

看看你周围，有多少人、公司甚至国家是在为了坚持而坚持？我们需要知道如何打破这一恶性循环。这是一种不适当的坚持，即你仅仅是被坚持的欲望牵着鼻子走，而不是为了从坚持中获得更长远的价值。

变还是不变

往往只有做出真正的改变，才会让我们的生活变得更美好。有很多人通过改变踏上了成功之路，引领自己的人生进入了全新的方向，这样的例子不胜枚举。比如《哈利·波特》系列的作者 J. K. 罗琳（J.K. Rowling），她当时是一个单亲妈妈，有一个年幼的孩子，主要靠救济金生活，她在从曼彻斯特到伦敦的火车上冒出了创作的想法。[8]

当时，罗琳感到很失败。她或许也想过找一份新的工作，做研究员或秘书（她以前做过的工作），然后简简单单地生活下去。但是那个关于小男孩魔法师的故事已经在她心中生根。这个男孩将乘坐神奇的火车穿越英国，并享受各种各样的冒险。她决定把一切努力都集中在写小说和寻找出版商上（想到我们之前提到的坚持，这里值得一提的是，她的书在最终出版之前被 12 家出版商拒绝了）。如今，《哈利・波特》系列已售出 5 亿多册，成为历史上最畅销的系列丛书。根据《福布斯》的报道，罗琳是世界上首位亿万富翁作家。

通过大胆的改变，她为自己寻找到了一个过去完全无法想象的未来。她找到了力量，战胜了那些敦促她安于现状、得过且过而不是寻求改变的声音。这不仅改变了她的生活，还送给了全世界的孩子们一份礼物，那就是人类历史上最受欢迎的虚构人物之一——哈利・波特。

还有瑞奇・热维斯（Ricky Gervais），他早年活跃在音乐界，先是在一个名为“塞纳舞”（Seona Dancing）的新浪潮乐队担任歌手，然后又担任“山羊皮乐队”（Suede）的经纪人。[9] 他直到 30 多岁，遇到编剧斯戴芬・莫昌特（Stephen Merchant）之后，才产生了写喜剧的想法。如果他一直坚持走音乐路线，我们就不会有《办公室》和《后半生》这样的剧集可以看了，也不会看到他在金球奖上的任何一次亮相。和罗琳一样，热维斯克服了惰性，选择了改变。

很明显，我们都有改变的能力，那我们和他们之间的区别在哪儿呢？我们在前面已经提到过，你所需要做的是加深对自己的了解，只有这样你才能对头脑中本能的反应有所觉察。虽然本能仍然如此，做出某些改变仍然会让你感到不舒服和不愉快，但你能够坚持做正确的决策，你的生活也会因此变得更美好。

遵循正确的原则

现在你知道了要改变现状不仅很困难，而且途中充满了各种心理陷阱。这些陷阱会让你回避改变，或者继续走老路，尽管你从中一无所获。有什么方法能帮助你克服这种安于现状的本能呢？这要回到我们已经讨论过的：**了解你的神圣价值，并加以利用**。

你的“神圣价值”，即你在内心深处坚持的原则和规范，是指引你何时应该做出改变的指南。了解这些价值会让你有力量克服不喜欢变化的本能。从本质上讲，就是要找出对你来说真正并且绝对重要的事情，然后敢于采取行动，将其置于你生活的核心位置。

鉴于此，让我们通过一个练习，来看看价值如何帮助我们在坚持的雷区中前进。想象一下，你和两个朋友正在爬山。为了方便练习，我们暂时称呼你的这两个朋友为卢克和克里斯。你们都是十几岁，没有一个人有丰富的登山经验。由于你们住在当地，所以对山脉有相当的了解，但你们中没有人在现在这种天气下徒步旅行过。当你接近山峰北岭的顶部时，天气骤变。原本阳光明媚的天气，在不到 30 分钟的时间里，开始下起了倾盆大雨并刮起了大风。突然，克里斯喊道：“我不想登顶了……这太吓人了，我觉得我们应该立即下山。”卢克回答说：“不可能！如果你非要下山，你可以自己下去，但我们离山顶只有不到 5 分钟的距离了，我要上去。”然后，卢克开始继续往上爬，你想，“我们该怎么办？”这里没有明确的领导者，但你们需要做出决策。卢克已经决定他不介意放弃一个团队成员，而克里斯自己则承认他很害怕，接下来会发生什么取决于你。你打算怎么做？要知道，从现实情况来看，你站在谁的一边很可能成为整个团队的决定。

让我们把电车问题当作此刻的思考框架，不过，你要考虑的不是轨道上的人，而是价值体系。想想你准备放弃什么，保留什么。

花点时间画出你的“电车轨道”：画一条线来代表“北”。如果你和克里斯一起下山，你会失去什么？现在，在这条线上写下来，如果选择走这条路，你会失去的东西，可能是你的自尊心、你的成就感、你想把每件事都做到最好并履行承诺的决心，也有可能是你已经攀登了 8 小时，却在登顶前几分钟放弃了这样一个残酷的现实。还有你和卢克的友谊，你现在还不确定他能否接受你的决定。对于你即将失去的东西，要尽可能写得具体。

现在，画出另一条“电车轨道”，在这条路线上，你不会牺牲上述的东西，但是会出现与卢克相关的一些价值。这些价值包括：让你和朋友置身于危险之中，牺牲了你与克里斯的关系，你优先考虑了非物质的追求，而忽略了物质上的追求，比如安全回家和让家人放心。

接着，看看你写下的东西，思考一下你的价值，记住它们是什么，尤其是“神圣价值”。为它们命名并大声说出来。然后看着你画的电车轨道，问问自己：如果我继续沿着当前的路线走下去，遵从了我什么样的价值？他们是在服务于我的价值，还是我已经在不知不觉中陷入了其他人或组织的价值？我是否接受了卢克的价值，即固执的坚持登顶的承诺，而不是奉行了自己的价值？还是克里斯的情绪崩溃让我开始怀疑自己能否登顶？如果是的话，你需要引导自己重新走上一条遵从你自己价值的道路，因为你一生中最不愿意看到的事情，恐怕就是在一条并不属于自己的道路上花费大量的时间和精力。无论你最终决定下山还是完成最后几步艰难的登顶，都是如此。

在本章的结尾，我们将以一个不畏艰难、坚持到底的故事来结束这一章。几年前，我（尼尔）参加了一场慈善越野赛，是负重 30 千克、行军约 48 千米的拉练。这意味着我要驾车穿越整个国家，住进一个偏僻的小旅馆，在头天晚上先参加一场“活动前安全说明会”，然后在一张很小的床上睡 5 小时，再吃点简单的早餐，最后开始做 48 千米的地狱式徒步越野。我在活动中不认识任何人，之前所有承诺要参加的朋友后来都退出了。我的训练还被一次家庭出游打断了，老实说，为了看望家人我又多花了 2 天时间开车北上。

我清楚地记得活动前一天晚上的情形。我几乎一整天没有吃过碳水化合物，很想直接回家算了。但我没有，尽管这种想法一直挥之不去。最终，在出发的 30 人中，只有 9 人完成了任务，其中包括我。时至今日，每每回想那次比赛，我仍然认为这是我一生中最值得骄傲的成就之一，最重要的原因就是我有那么多理由可以放弃，但是我没有，因为在我的内心深处，我深知我所追寻的价值。**不放弃对我来说是神圣的**，在那次活动中的每一刻——从下定决心，到制订计划，再到实际行动，我都可以改变方向，碾压我的神圣价值。确实，这样做更容易一些，我原本可以把它合理化。但我知道，如果我直接回家，之后我会因为践踏了自己的“神圣价值”而感到羞愧。在你的生活中，当你想到你最引以为豪的决策时，问问自己：让电车转向是一件很容易的事吗？或者，当你想到最让你后悔的决策时，你是否过早地改变了电车的方向？

这就是价值如此重要的原因。价值不仅让我们知道自己该做什么决策，还让我们知道当自己在选择的道路上遇到困难时，是否应该接受并坚持下去。尽管我们不能保证一定会实现梦想，但当我们知道我们正在坚持的是那些对我们来说真正重要的事情，我们就能够知道我们何时应该拥抱荆棘，何时应该果断放弃。

1% 关键决策工具箱

DECISION TIME

1. 了解原因。你为什么要坚持？你如何知道自己是在垂死挣扎，还是即将突破最后一道障碍，品尝成功的果实？事实是，我们不可能总是知道答案，但我们能知道的是，我们的坚持（或不坚持）是否有正确的理由。下次遇到困难时，问问自己：

    - 我想放弃是因为害怕吗？
    - 我想放弃是因为困难吗？

2. 困难有时是件好事。回避困难不会带来幸福。困难会让你变得更强大，尤其是在追求符合你价值的东西时。
3. 如果你一直在坚持，却没有得到你所希望的结果，你是否只是为了坚持而坚持？有时你需要知道什么时候应该放弃一个想法、职业或计划，即使你已经在其中投入了很多。
4. 将价值作为生活的中心。识别价值，经常思考价值，当你依据价值做出选择时，提醒自己为什么要这样做。对自己坦诚，看看你是真的服务于价值，还是只是口头上说说而已。重要的不是看起来如何，而是你内心如何看待那些对你来说真正重要的东西，以及你是否真的在按照这些原则生活。

CISION

TIME

第三部分

决定大事的心理能量

第 8 章

提升心理韧性，过更有活力的生活

心理韧性让我们即使经历着暴风骤雨，也能够做出人生中最艰难的抉择，从而顺利地渡过难关；心理韧性也给了我们能量，让我们即使面临艰难险阻，也能沿着我们选择的道路继续前行。更重要的是，相信自己拥有心理韧性，为未来不可避免会经历的旋涡做好准备——这是我们的心理自我补充元素。

轻轻触动，永不停息。（Takes a lickin' but keeps on tickin'.）

这是天美时在 20 世纪五六十年代的广告语，主要宣传该公司生产的手表的耐用性。为了证明这一点，天美时将他们的产品放入洗衣机中，绑在舷外发动机上，挂在墙上并向它射箭。每一次，手表都完好无损，它继续嘀嗒作响。[1]

好消息是，我们人类不仅可以在逆境中继续前进，而且可以做得更好。虽然天美时手表可以经受住洗衣机的清洗、河水的冲刷以及箭矢的射击，但它并不会因此而变得更好。但对人类来说，这是一种真正的机会。

幸运的是，我们所有人都具备一种品质——心理韧性①。通过学习策略，我们不仅能够生存下来，而且能够超越自我，过上更有活力的生活，即使你过去也许从未意识到这点或对此有所期待。

① 心理韧性又称心理复原力、心理弹性、抗逆力，因韧性是中国文化中的原有概念，故在本书中沿用此译法。——译者注

什么是心理韧性

我们将心理韧性定义为一个有机体在面对失衡时的适应能力。有机体的心理韧性越强，就越能适应失衡的强度、持续时间、重复性、变化性和长期性。

心理韧性的另一个定义是个人在面对不利的生活经历时，能够弯曲，但不断裂；能够反弹，甚至能够通过成长变得更强大。

心理韧性还有第三种定义，这个定义方式或许更积极一些。心理韧性是一个人利用资源来维持福祉的过程。这一定义赋予了心理韧性在改善我们生活中的积极作用。

在过去的几年里，越来越多的心理学研究集中在心理韧性上。在过去很长一段时间，人们的关注点都聚焦于创伤和创伤反应，而近期心理韧性研究开始成为科学研究中最有益和最有希望的领域之一。那些研究创伤，尤其是创伤后应激障碍的科学家注意到，经历过创伤的人会有一些出人意料的地方。通常情况下，他们能够将生活中那些令人痛苦的经历以一种使他们感到更加平衡、安全甚至快乐的方式融入自己的生命中。当然，他们绝不会主动选择经历创伤。而且创伤也不是我们任何人能主动选择的，而是自然而然会发生的事情，这里的重点是，当我们不可避免地要经历创伤时，我们可以做什么。在本书的第三部分，我们以心理韧性为中心，是因为我们知道，当你从书架上取下这本书时，你或许正在面对或者构思一个复杂的、情绪化的、重大的人生抉择。也许你正处于人生的十字路口，又或许，你正处在一个你从未想过自己会到达的地方。无论哪种情况，都可能涉及创伤；无论哪种方式，心理韧性带来的心理能量都是你下一步行动的关键。

善待自己，觉察大脑和身体的预警信号

在 2020 年新冠疫情开始时，在后来被称为“ARES 项目”（Adaptive Responses for Emergency Responses，适应性应急响应）的号召下，我们与一些学术和军事领域的同事一起自发组建了一个团队来推广一套资源。我们甚至让一些名人和受公众关注的军方人士来帮忙宣传，其中包括詹姆斯·布朗特（James Blunt）、玛琳·克拉斯（Myleene Klass）、菲·里普利（Fay Ripley）、伊莫金·斯塔布斯（Imogen Stubbs）、奥利·奥勒顿（Ollie Ollerton）和杰森·福克斯（Jason Fox）。该项目旨在提高数千名在极其困难的环境中工作的国民健康服务系统（National Health Serve，NHS）工作人员的心理韧性。通过研究，我们清楚地知道，鉴于他们所面临的挑战和异常艰难的工作环境，其中许多人极易患上抑郁症和职业倦怠。例如，我们知道，在卡特里娜飓风的救援人员中，有多达 1/4 的人在事后遭受了严重的心理健康问题。这不仅与他们在工作中面临的压力有关，还有这样一个事实不容忽视：除了要帮助他人应对灾难带来的后果，他们自身也受到了灾难的影响。我们知道，在新冠疫情中也出现了相似的情况，护士、医生、护理助理和国民健康服务系统的管理人员，他们也有自己的家庭，同时他们也是家庭中的一员，他们自己和家人也都容易感染新冠病毒。和世界上许多其他国家一样，英国政府实施的限制措施也限制了他们的生活，他们因此遭受了更大的压力。

我们知道，提供关于心理韧性的正确信息可以产生巨大的影响。我们也知道，如果我们能让国民健康服务系统的工作人员了解在疫情开始之后几个月可能会发生什么，并为他们提供方法来应对疫情可能带来的后果，那么我们就能帮助他们预防创伤后应激障碍和其他心理健康问题。我们想与你分享 ARES 项目中的一些主题和信息，因为虽然这是针

对整个国家的应急响应方案，但我们觉得它对于经历过创伤的个人来说也会有所帮助。请注意，我们提供的并不是深入的咨询方法（尽管这些方法可能很重要，尤其是在事后），而是提供一套资源，用于增强人们在遭遇创伤事件时的心理韧性，以及抵御其长期影响的能力。

我们知道心理韧性如此重要的原因之一是国民健康服务系统的医疗专业人员面临的一项决策。英国医学协会居然说，在某些情况下，医生根据适当的政策，拒绝为病人提供可能挽救生命的治疗是合法的且合乎道德的。英国医学协会指出，医生会因此面临严峻的抉择，他们需要重新思考自己的道德直觉。[2] 你能想象自己毕生致力于救死扶伤，却可能在符合道德标准的情况下，做出不给病人治疗的决定吗？这就是新冠疫情迫使医护人员做出的决策，我们也是由此才知道，心理韧性将成为重要技能之一。我们无法改变的是，疫情期间确实有做出这些可怕决策的必要性，但我们可以做的是，帮助国民健康服务系统的工作人员从这些由决策制度导致的巨大压力中走出来。

我们以在军队和执法机构所做的工作为起点，因为我们相信，我们能够将学到的经验教训应用到国民健康服务系统的工作人员身上，因为对于他们来说，这种艰苦的工作条件和压力重重的决策过程并不常见。我们将初期工作的重点放在应对危急情况的准备阶段和适应阶段。准备阶段让人们为即将面临的情况做好准备，我们可以称之为“心理 PPE”（心理个人防护装备）。无论是在压力情境的准备阶段，还是在压力事件发生的过程中，觉察到自己的大脑和身体发生的变化，都能够让我们在压力事件真正发生时，更加容易承受，并更容易从事件的影响中走出来。适应阶段包括尽可能有效地做出回应，学会利用有效的方法，放弃无效的方法。

我们知道压力会导致身体和情绪症状，这些症状会导致行为变化。了解这些症状并对行为变化保持警惕，可以让你在情绪低落或精疲力竭之前进行干预，必要时寻求帮助。让我们依次看看这些症状和行为变化。

身体症状。身体症状往往是你首先会觉察到的问题。因为正如我们已经解释过的那样，你的身体会对压力产生直接的生理反应。压力下的身体症状包括：

- 疲劳：一直感到疲倦
- 睡眠问题：入睡困难、醒来后无法继续入睡、盗汗、做噩梦
- 头痛
- 肠胃问题
- 感冒和流感：在过度劳累后更容易生病

情绪症状。我们的身体和情绪状态紧密相连，很难将它们分开。压力既会影响你的身体，也会影响你的情绪，而身体症状又会反过来影响你的心理健康，让情况恶化，就像恶性循环。压力下的情绪症状包括：

- 易怒
- 焦虑
- 抑郁
- 悲观
- 防御
- 人格解体
- 情感淡漠
- 与周围人失去联系
- 成就感低
- 需要酒精或药物来应对问题

行为变化。压力对你的身心造成的影响会导致你的行为发生变化，这些变化有时来得很快，有时是慢慢形成的。例如：

- 工作表现不佳
- 社交隔绝
- 药物滥用
- 性欲减退

我们知道，人们在面对压力时可能会产生以上这些变化，但我们也知道，如果他们从一开始就对此有所觉察，那么他们就能够提高心理韧性，并减小问题发生的概率。

面对压力事件，提高心理韧性的方法之一是加强社会支持。这可能说起来容易做起来难，对有些人来说，与家人和朋友建立联系可能比较容易，而对有些人来说却不然，他们的支持系统也有可能已经在过往的生活环境中遭到破坏。然而，我们认为，如果你觉得社交很困难，那么与他人建立联系正是帮助你渡过难关的最好方法。这并不是说你必须加入某个有深度情感交流的社交团体，或者一看到有团体活动就报名参加。但是，只要你迈出一小步，就会有很大的收获：与邻居交谈；给一个很久不见的朋友打电话；计划一次旅行，顺便去看望一些亲戚。与他人建立联系是我们保持心理健康的方式之一。

如果你生活在一个重视亲情的家庭中，你的家人就是支持系统的基石。无论你的生活有多繁忙，你与伴侣和或孩子的关系都不容忽视。在遭遇创伤事件时，照顾好家庭关系的重要性不减反增，你在家庭关系上的投入带来的回报将远远超过你投入在其他事情上带来的回报，最重要的是，你会因此更快乐、更健康。

夯实心理韧性的四大支柱

无论你面临什么重大决策或人生危机，心理韧性都是你所拥有的最好的工具，它不仅可以帮助你渡过难关，还能让你获得成长，正如我们在本书中一直强调的那样。令人欣慰的是，这个世界并没有将人划分为两类：有心理韧性的人和没有心理韧性的人。大量的研究支持了进化论的观点，即人类的 DNA 中就蕴含着心理韧性的潜能。[3] 当我们遇到困难时，我们每个人都能够激活这一潜能，拯救自己于危难之中。

这种潜能我们称之为“心理韧性的四大支柱”。问题的关键是，要确保你没有忽视任何一个有助于你提高心理韧性的领域，不要太过执着于其中某一项。如果你正在承受某种压力，那么其中有一些支柱会受到影响也很正常，就像你不可能一直让一座房子的所有部分都保持完美一样，你也不可能一直拥有四个完美的心理韧性支柱。不过，正如你不想让管道、地砖、天然气和电线老化一样，要想保持心理韧性，你需要在这四个方面都下功夫。

支柱一：健康

当我们不得不做出艰难的决策时，身体和精神都会承受巨大的压力。因此，要想在这种压力下保持心理韧性，我们就必须确保自己的健康状况。你有多少次试图改善饮食和运动方式，结果却又回到了快餐和久坐不动的生活方式中？然而，事实是，长期的改变确实会有所帮助，而且非常重要。秘诀是从小处着手，对生活方式做出微小的改变意味着你更有可能坚持下去。为自己设定一个切实可行的每天步行目标步数，然后你可以再增加步数，或增加其他运动。每周购物时，不要再买蛋糕和饼干，不过偶尔允许自己放纵一下也无妨。记住，健康饮食始于超市选购，如果家里没有这些食品，它们就不可能成为你饮食的一部分。此外，我们在军人身上看到的一点是他们坚定不移地坚持锻炼。这是一种习惯，即使在地堡和狭小空间里，军人们也会想方设法定期完成锻炼计划。对于我们来说，这并不意味着要支付健身房会员费、购买昂贵的运动器材或花太多时间。但这确实意味着付出可预见的、有计划的努力。即使不是在所有时间，也必须在大部分时间坚持锻炼。跑步、散步、做俯卧撑……哪一种都无所谓。重要的是“半定期”地做一些体育锻炼，尤其是如果你和我们一样，从事的是一份久坐不动的工作。

支柱二：目标感

在本书的前半部分，我们讨论了了解自己的价值并根据这些价值做出决策的重要性。这不仅能帮助你做决策，还能帮助你在这些情况下保持心理韧性，因为它能让你清楚地认识到自己的目标是什么。我们需要感到生活是有意义的。如果你觉得自己每天的大部分时间都被毫无意义、不值一提的任务所占据，那就真的有问题了。我们都会接受一些不得不做的无聊工作，但我们也需要让生活充满目标感。在危机中，我们的自主感会减弱（这很正常），但我们不能一直维持这种心态，我们必须反击，哪怕只是以微不足道的方式。在工作中寻找意义是实现人生目标的有效途径，因为我们一生中大部分时间都在工作，但我们也可以通过业余爱好和志愿工作来寻找意义。事实上，助人为乐是实现人生目标的最佳途径之一。你不必赴汤蹈火，但每当你在帮助他人的方向上迈出一小步，自己也会受益匪浅。

支柱三：快乐

制定艰难决策的过程可能并不那么有趣，但我们不能让做决策的压力阻碍我们享受决策本身所带来的快乐。对于那些你不得不牺牲的东西，不要过于执着，否则你就无法完全享受决策带来的好处。感受决策带来的快乐对于心理韧性至关重要。这是一个有趣的支柱，但往往也是最容易被忽视的。在某些方面，它与目标感恰恰相反。它是欢笑、舞蹈、绘画、与朋友分享食物，正如军人们所说，它是在逆境中寻找欢乐。再强调一下，如果你不是每天都能感受到快乐，也不必担心，哭泣、悲伤、生活杂乱无章（然后感到内疚）都是可以的，有时候你只是没有心情去享乐。但如果长期回避生活中的乐趣，以至于形成一种生活模式，那就是一个非常严重的问题了。最优秀的士兵往往是那些能通过开玩笑或自嘲来保持高昂士气的人。记住，快乐其实很简单：有时候越愚蠢、越幼稚、越无聊，往往会越让人感觉快乐。

支柱四：反馈

在做决策时，我们有时会制定一系列的决策，以确保能够掌控全局。还有些时候，我们会制定历时数年的重大决策。无论哪种情况，都不要忘记反思你过去是如何做出这些决策的，你学到了什么，以及你做得好或不好的地方。在我们的工作与生活中，来自横向（跨团队）和纵向（上下级）的反馈都至关重要，无论这些反馈是好的还是不好的。心理韧性意味着要有适应能力，有用的方法需要共享。同样，有问题的地方（包括逻辑问题和情绪问题）也需要沟通。在长期的军事部署中，士兵们经常会发现自己没有足够的物资、装备和信息。他们需要将这些情况向上反映，而最关键的是，上级军官必须表明他们了解该情况，即使他们解决不了。从领导力的角度来看，情商和智商同样重要，我们的日常生活中也是如此，接纳自己和他人的感受，能够让我们的生活充满活力，而不仅仅是勉强维持生存。

失败的教训

在我（劳伦斯）的生活中，有一个人非常了解情商的重要性，那就是艾丹·哈利根（Aidan Halligan）教授。作为一名外科医生，他多年来一直致力于创造更安全、更有效的医疗保健体系。他的工作极具创造性，并且他还担任过英国国民健康服务系统的临床治疗主任等职务。

他提供的一个关键信息（也是我们绝对赞同的一点）是，**失败是创造心理韧性的关键**。因此，尽管我们天生就有避免失败的本能，但我们也需要了解失败在我们生活中可能具备哪些益处。艾丹认为，失败具有几乎无与伦比的积极作用，因为它给了我们成长的机会，让我们能够从困难中恢复过来。他说，我们无法避免犯错，犯错是必然的。如果你是一个人，只要你还活着，你就会犯错误。

失败是人生中最有力的老师之一，但我们许多人却在试图削弱它的力量。我们并不欢迎从错误中吸取教训的机会，而是对所发生的事情痛心疾首；我们责怪自己，内疚感不断地折磨着我们；我们自我批评，总是向内看，而不是向外看。当然，我们自责和内疚是非常正常的事情，没有人喜欢把事情搞砸。内疚是人类情感体系中不可或缺的一部分，但当这些消极情绪已经令人感到窒息，并且对失败的过度恐惧导致我们无法自拔时，我们就会失去它们背后蕴含着的巨大机会。心理韧性意味着善待自我、关怀自我。每个人都会犯错，重要的是接下来怎么做。

提升心理韧性的三大习惯

另一位令人印象深刻的关于心理韧性的思想家是露西·霍恩（Lucy Hone），她是一名研究心理韧性及其对生活影响的学者。2014 年，发生了一场可怕的悲剧，一场车祸夺走了她 12 岁女儿的生命。正如她所说，失去孩子对父母来说可能是人类生活中最严重的创伤：如果有哪种伤痛会让一个人觉得永远无法愈合，那一定是这种。但露西知道，心理韧性是每个人都可以利用的力量。她原本就已经知道一些方法可以帮助她渡过这段最艰难的时光，于是她决心这次要让这些方法发挥作用。在 2019 年的一次 TED 演讲中，她解释了有心理韧性的人的共同习惯[4]，这些习惯让一切变得不同：

- **有心理韧性的人明白，坏事时有发生，苦难是人生的一部分。**所以，当他们遇到苦难时，当他们发现自己处于痛苦的境地时，不会想“为什么是我？”，他们不会认为是老天爷故意在跟他们作对。他们知道，这不是因为运气太差，也不是生活故意为他们设的陷阱。相反，他们知道，自己所经历的不过是生活的一部分。没有人的生活是完美的，没有人的生活不是充满艰辛的。如果你能接受生活会带来困难，甚至是苦难的事实，那么你就会在克服困难时领先一步。
- **有心理韧性的人善于选择自己的关注点。**他们善于将被称为“宁静祈祷”的内容付诸实践：“请赐予我宁静，让我接受无法改变的事情；请赐予我勇气，让我改变可以改变的事情；请赐予我智慧，让我知道两者的区别。”[5]了解我们能够改变和无法改变的事情之间的区别，是心理韧性的一项重要技能。它让我们能够把情绪能量用在最能发挥作用的地方，而不是用在对我们的心理健康没有任何影响，甚至有损害的领域。从本质上讲，就是不要因为已经失去的东西，而错过你正在拥有的东西，即使在最艰难的时刻，也要看到自己已拥有的。露西就是这样做的，她把注意力集中在她另外两个孩子身上，正如她所说，虽然两个儿子失去了姐姐，但他们还是值得拥有幸福的家庭生活。

- **有心理韧性的人会问自己：“我所做的事情对我有利还是有害？”**换句话说，他们会善待自己，他们会有意识地与不利于心理健康的想法或行为保持距离。不少经历过分手的人会在社交媒体上痴迷地关注前任，以此来折磨自己，如果你也是这样，问问自己：这样做是在帮助自己还是在伤害自己？如果你实在无法摆脱这些想法或行为，那就给自己一点休息的时间，先从一个小时开始，不去浏览前任的社交媒体，然后逐渐把时间延长到一整天。

心理韧性让我们即使经历着暴风骤雨，也能够做出人生中最艰难的抉择，从而顺利地渡过难关。心理韧性也给了我们能量，让我们即使面临艰难险阻，也能沿着我们选择的道路继续前行。更重要的是，相信自己拥有心理韧性，为未来不可避免会经历的旋涡做好准备——这是我们的心理自我补充元素，因为经历创伤、在创伤中做出决策、从创伤中走出来，这些体验会让你充满信心，让你在下一次经历创伤时有所准备。下一次，当你们处于人生的十字路口，不得不做出重大的人生选择时，你就能回想起上一次，当时你坚持了下来，这次也会安然度过。

1% 关键决策工具箱

DECISION TIME

1. 创伤是无法避免的，人生不会一帆风顺，我们需要接受这一点。接受你需要做出决策这一事实并不容易，制定决策、执行决策也很困难，而接受决策带来的直接结果和长期结果则是难上加难。但是，因为害怕走“艰难之路”而不做决策或回避决策，虽然短期内比较容易，但从长远来看，可能会导致更多的不良后果。正如露西在她的 TED 演讲中所说，如果你能接受生活会带来困难，甚至是苦难，那么你就会在克服困难时领先一步。

2. 善待自己，觉察你的感受。监测你的睡眠、饮食和身体感受。

3. 相信你的朋友和家人。我们常常默默忍受。如果可以的话，把你的决策分享给他们。在军队里，他们称之为“事后复盘”，其中一部分是宣泄情绪。你需要与所爱的人交流。

4. 相信自己的心理韧性。我们天生拥有心理韧性，它会让我们从创伤中恢复过来。

结　语

站在人生的十字路口

处于人生的十字路口可能是最艰难、最可怕的时刻，但它也是最令人振奋的时刻，因为它提供了机会和改变的可能性。生活之所以向前发展，是因为你在十字路口选择前进，而不是退缩。暂停，思考和斟酌——但不要太久。祝你做一个生活的旅行者，而不是旁观者，引领自己朝着光明的方向努力前行。

“我在做决策时感到非常绝望”“我担心自己会后悔”“我满脑子都是各种‘如果’，不知道事情会怎样”。我们都听过人们说有这样或那样的恐惧，也许你自己曾经也是这样的人。如果是的话，我们希望你在读完这本书后，会有一种焕然一新的感觉，相信你自己是一个有效的决策者。当然，我们每个人处理事情的方式都不尽相同，有些人在前进的道路上确实举步维艰。尽管如此，你现在应该掌握了对你有帮助的所有基本知识。而且，如果你在前进动力上并没有太大的问题，那么你现在便应该能够自如地运用这些基本知识，并利用它产生更强大的效果。

当你面临一个分水岭，并且你知道你所做的选择将深刻影响你自己，甚至他人的生活时，你可能希望自己能果断选择，或者希望别人能告诉你该怎么做。但是，正如我们所见，明智的决策与你独特的价值体系密不可分，你的选择必须反映出你是谁、你信仰什么。要做到这一点，你需要深入探索，对自己诚实，并确定什么对你重要，以及为什么重要。如果你在书中其他地方都没有列出这些东西，那么现在就可以做这件事。花点时间认真思考一下你的价值和信仰。做到尽可能准确，如果你现在正在考虑一个具体的决策，这一点就更重要了。

了解自己是做出正确决策的前提。这是一项在面临人生十字路口之前必须好好磨炼的技能。毕竟，如果你连目的地都不知道在哪里，你又如何知道哪条路才是到达目的地的最佳途径呢？如果你现在花时间关注自己的价值，你会发现你将能够更快、更容易地做出人生中的下一个重大决策。

有时，我们会自欺欺人地认为价值与工作、金钱或与财产有关。然而，这些通常只是价值的驱动因素，而不是价值本身。工作对你来说很重要，是因为努力工作和体现你的所有能力是你的核心价值。有足够多的钱很重要，是因为它可以让你供养孩子，在这里你把家庭放在了生活的中心，这就是你的核心价值。财产很重要，是因为它让生活更有趣、更愉快，那么，你的核心价值就是充分感受你在这个世界上的每一刻。所以，不要因为过于想要某样东西而苛责自己。相反，要进一步询问自己，为什么想要这些东西，以及它们对你来说代表着什么。不要只停留在表面，想象你价值背后的动力是什么。这能让我们明白为什么一件事会对我们那么重要，也能让我们将价值的驱动因素与价值本身区分开来。如果你能深入了解这些价值，你就会成为最好的决策者。

做出重大决策是人类需要面对的相当可怕的事情，在本书中，我们并没有试图回避决策的可怕性或重要性。事实上，我们的观点是，正是因为决策让人感到害怕，所以我们才会本能地将其束之高阁。但这永远不是正确的做法。我们发现，搁置决策是最糟糕的做法，因为这样做让你失去了作为人类的最核心的力量，即辨别复杂情况、从多种角度考虑问题，并做出能够最大限度发挥优势的选择。忽略这个选择，就等于放弃了影响事情未来发展方向的机会，而这正是生活提供给我们的最大的机会之一，永远不要拒绝。

做出决策既有积极的一面，也有消极的一面，它涉及要放弃一些东西，接受另一些东西，因此，我们可能想回避做决策，这是可以理解的。但放弃选择是决策中最大的阻碍，因为为了避免损失，我们甚至愿意不惜一切代价。这是我们最害怕的，也是我们最想避免的。因此，无论你多么相信你的工作很适合你，无论你多么相信20年前跟你结婚的那个人仍然是你的灵魂伴侣，在你内心深处的某个地方，依然会因为你可能拥有的其他工作与可能和其他人结婚而感到惋惜，但我们相信，只有当我们对这种本能有所觉察，我们才能超越它。生活为我们提供了许多可能性，但我们无法一一体验。悲剧在于，如果我们对自己即将学到的东西、要去的地方、要接触的人感到害怕，我们就无法享受新的体验；如果我们无法将所有的可能性拒之门外，我们就会一直坐在门口思考可能会发生什么事，而不是经过深思熟虑后再出发，为自己找到更好的前进方向。当然，也有人恰好相反，他们鲁莽决策，又轻易放弃，这可能包括人际关系、工作等方面。因此，我们也必须清醒地认识到，在我们从一份糟糕的工作或关系跳到另一份糟糕的工作或关系之前，我们是否考虑过还有其他选择或途径可以帮助我们实现价值目标。这又要回到我们的价值体系上来了。

所有这些都是成为一个有效决策者的前提，如果你愿意，这些是你在决策之前需要提前完成和理解的准备工作，然后才是如何在现实生活中制定最有效的关键决策。要做到这一点，你需要将决策分解为四个不同的要素，并依次加以解决。

这些要素共同构成了我们提出的STAR模型，它是决策模型的核心，可以应用于任何情况，指引我们在每一个人生的十字路口做出选择，直面任何重大人生难题。让我们依次再来看看STAR模型的每个组成部分。

S：何种场景

为了做出有效决策，你需要了解发生了什么、为什么会发生以及接下来可能发生什么。其中第三个问题尤为重要，但也不要低估前两个问题的重要性。记住，没有完全客观这回事，一个故事可以有很多个版本，但最真实的版本才是最好的那一版。此外，还要意识到事情发生的原因以及实际发生的情况，并试着对动机、既得利益、偏见和成见持开放的态度。每个人都有这些问题，但正如我们所看到的，有些性格类型的人更倾向于以不太全面的方式讲述故事。如果你发现自己属于这种类型，那么请有意识地敞开心扉，去考虑更多的可能性，如果你能做到这一点，你的决策效率就会提高。

至于第三个问题，即下一步可能会发生什么，请记住，精英决策者既不会保留太少的选择，也不会保留太多的选择。只考虑一种选择会使你的视野过于狭窄，无论你对可能发生的事情有多确信，至少还要再提出另一种可能性（即使很离谱）。我们认为，在决策过程的这个阶段，如果你能在脑海中设想两到三种可能的情况，你就会做得更好，我们建议这三种情况包括一种最好的情况，一种最坏的情况和一种中等情况。这种方法可以让我们在做最坏打算的同时，有希望能获得最好的结果，并让你在尽可能广泛的范围内做出选择。

T：何时行动

这是有效决策的重要基础。在任何决策之初，你需要先问自己几个最基本的问题：我有多少时间？我是必须现在做决策，还是有时间考虑一下？如果有，我还有多少时间？不过，请记住，如果没有时间限制，不需要在特定的截止日期前做出决策，你可能反而会陷入困境。正如我们在本书中一再强调的那样，惰性是良好决策的最大阻碍之一，它导致你在应该采取行动的时候却什么都不做。

造成惰性的原因有很多，其中之一是你不断接受来自外部因素带来的各种压力，导致你推迟决策。你拥有充足的时间，这原本应该成为你的优势，但如果你以此为借口推迟决策，继续将其搁置，那对你就没有任何好处了。因此，如果你的决策不受时间的约束，那就为自己人为设定一个截止时间，并执行它。

“我需要现在做决定吗？”对于这样的问题，只有在极少数情况下的回答是“是的，这很紧急”。我们建议你找出我们所说的最不坏选择，在这种选择下，即使事情进展不太顺利，也会比最坏的情况要好。

A：何种假设

在工作中，我们一次又一次地意识到，最好的决策者往往也是我们所说的“变通的思考者”。这意味着他们思想开放，充满冒险精神，他们接受各种可能性，用开阔而非狭隘的眼光看待这个世界。他们不惧怕探索各种可能性，甚至那些令人不快的可能性。他们以 360 度全方位的视角看世界，而不是只局限于自己的观点或视角。

然而，我们也知道，有些人的性格类型不利于他们成为一个变通的思考者。这种特征与一种被称为认知闭合需求的现象有关，其原理是这样的：人类天生就有追求完美的倾向，这是人类进化中固有的心理现象，它是帮助我们应对生活中不确定性的一种方式。但在某些人身上，闭合需求体现更为明显，如果涉及决策，这一点就不太有利了。急于追寻答案让你无法逐一思考那些可能有效的解决方案。这有点像在穿越隧道时，一辆火车向你驶来，而你却只顾着看隧道尽头的光亮，而忽略了轨道旁边有可以躲避的安全舱口。

如果你知道自己的闭合需求很高，那么如果你能训练自己从更广阔的角度看问题，考虑更多的可能性，你的决策能力就会得到提升。请集中精力训练自己对其他场景持更加开放的态度，以及从不同的角度考虑问题的能力。

R：何时修正

变通思维让我们超越闭合需求，形成了对未来形势进行修正和重新评估的能力。这一点非常重要，因为生活的真相是一切都在变化。一切都在变化，没有什么是一成不变的，因此，即使是已经做出了最好的决策，也要保持开放态度，因为一个决策结果的持久性和前提条件也可能会有新的发展。

所有这些都意味着，仅仅做出决策，甚至将其付诸实践都是不够的：你必须不断质疑、调整并检查它，以确保它仍然适合你。人们有时会陷入坚持的陷阱，即使事情进展不顺利或行为对他们不利，也要坚持到底。为了测试自己到底是对不可能完成的任务感到绝望，还是对繁重的任务感到疲劳，你可以问问自己：你是否感到害怕（如果是，你在害怕什么），或你是否对繁重的任务感到厌倦（如果是的话，这种感觉是否合理）？这一切又一次回到了“了解自己”的问题上，了解自己内心深处的声音，它会告诉你是否真正相信自己正在做的事情，以及为什么要这样做。

最后，是决定大事的心理能量，即提升心理韧性方面。我们对心理韧性的需求，并不会因为你做出了一个合理的决策并已经走上正轨而有所降低，好的决策并不会抵消甚至减轻我们在最初面对决策时的创伤或压力。面临艰难险阻时，心理韧性能帮助你走出困境，坚持做出你认为正确的决策，我们都知道，要做出正确的决策可能并不容易，你需要拥有心理韧性，才能在遇到困难时继续前进。特别是，你需要意识到四个关键支柱：你的身体健康，你对生活的目标感，你的快乐以及如何培养快乐并认识到快乐的重要性，来自他人的有助于你进步的反馈（包括合作伙伴、家人、朋友和同事）。

所有的特质和技巧、方法和态度，都是我们合作过的精英决策者的典型特征，他们拯救过生命，大胆无畏，在适当的时候敢于冒险，在关键时刻保持谨慎。他们善于把握行动时机，既不会操之过急，也不会为时过晚。他们知道何时应追求卓越，何时要退而求其次。他们知道黑暗和挑战是生活的一部分，失败和最不坏结果能使我们成长。但同时他们也知道，我们也需要拥有仰望星空，向他人伸出援手，竭尽全力表达同情、关爱、抱负和勇气的时刻，这些时刻也是我们人生当中最重要的部分。

通过我们的专业工作，我们知道所有这些都是可以学习的。这并不意味着你每次都能成功，没有人能做到这一点，即使是最精英的决策者也做不到。但是，正如我们所看到的，从长远来看，短期的失败有助于你成为一个更好的决策者，所以要允许自己犯错误，并在犯错误时原谅自己。不要回避做决策，因为你做得越多，你就会做得越好。而且，正如我们已经解释过的，最糟糕的结果往往不是犯错，而是惰性。不要害怕你做不了正确的选择；要坚信，只有你才有能力做出最适合自己的决策。

处于人生的十字路口可能是最艰难、最可怕的时刻，但它也是最令人振奋的时刻，因为它提供了机会和改变的可能性。生活之所以向前发展，是因为你在十字路口选择前进，而不是退缩，这也是我们希望你去做的。祝愿你在前进的路上一帆风顺。记住我们说过的话：暂停、思考和斟酌，但不要太久。做一个生活的亲历者，而不是旁观者，引领自己朝着光明的方向努力前行。

三分钟正念呼吸练习

“三分钟正念呼吸练习”由加州大学洛杉矶分校的正念研究中心（Mindful Awareness Research Center，MARC）提出。其具体步骤如下：

1. 首先，把注意力转向身体。
2. 如果你觉得舒服，可以闭上双眼。
3. 无论是坐在椅子上，还是坐地面上，都要细心体察自己的身体，注意你的身体是如何接触椅子或地面的，注意身体各部分的感觉。
4. 做几次深呼吸。
5. 吸气时，吸入充足的氧气，使身体充满活力。呼气时，让身体完全放松。

6. 注意你的双脚与地面的接触，感受双脚的重量、压力、摩擦和温度。

7. 把注意力转向双腿与椅子接触的地方，感受双腿的压力、搏动、重量和轻盈。

8. 注意你的背部靠在椅背上的感觉。

9. 将注意力集中在胃部。如果你的胃部感到紧张或紧绷，让它慢慢放松，变得柔软。再次吸气。

10. 注意你双手的状态。你的双手紧张或僵硬吗？若发现紧张或僵硬，尝试让它们变得柔软。

11. 注意你的双臂。感受手臂上的任何感觉，并让肩膀变得柔软。

12. 注意你的脖子和喉咙。让它们变得柔软，继续放松。

13. 放松你的下巴。让你的脸和面部肌肉变得柔软。

14. 注意让你的整个身体都能沉浸其中。再做一次深呼吸。

15. 尽可能地注意你的整个身体。深呼吸。当你准备好了，可以睁开眼睛。

DECISION TIME

致　谢

劳伦斯的致谢

在新冠疫情期间的 18 个月，写一本关于重大事件的书感觉有点奇怪。在你周围，每天都有决策者（政治家、医务人员、学者、朋友、家人和邻居）在努力地做出决策。对我来说，这凸显了两件事的重要性：（1）理解关键事件决策；（2）敏锐地意识到你可以依赖谁、不能依赖谁。有些人挺身而出，有些人按兵不动，有些人则悄然后退。我要感谢第一类人在正确的时间做了正确的事情。在危急关头，人们的深层价值观和行为模式往往会毫不掩饰地显现出来，使我们能够快速看透一个人的本质。

我在下面提及的人很显然是属于挺身而出的那一类。

尼尔是一位有趣的合作伙伴，他慷慨地付出时间、关怀和精力。也许，从我们所在的学术领域来说，我和他都有点像局外人。然而，他有着非常明确的目标定位，尤其是他的目标旨在解决实际问题，而不是追求论文引用次数或进入某个最新的独家学术俱乐部。尼尔，谢谢你激励我，支持我，并保持坦诚。

我也要感谢迈克尔·休曼（Michael Humann），他镇定自若，坚如磐石，是个真正的朋友。感谢你的耐心、毅力和智慧。

感谢弗朗基（Frankie）、菲姬（Fergie）、里卡多（Ricardo）、保罗（Paul）、海莉（Hayley）、西蒙（Simon），当然还有我的妻子艾米莉（Emily）。艾米莉不仅属于挺身而出那一类人，而且比我更心胸宽广，更容易原谅那些按兵不动和悄然后退的人。

我还要向马克·法伦（Mark Fallon）、阿尔·麦格雷戈（Al McGregor）、萨拉·查普曼·特里姆（Sarah Chapman Trim）、戴维·伯克（David Burke）、斯彭斯（Spence）、史蒂夫·克兰曼（Steve Kleinman）、萨拉·罗伯逊（Sarah Robertson）、约翰·肖特（John Short）、戴维·希契科克（David Hitchcod）、安德鲁·里士满（Andrew Richmond）、凯斯·汉密尔顿（Cath Hamilton）、卡尔·沃尔什（Karl Walsh）、乔·波里尔（Joe Poitier）和伊恩·巴肯（Iain Buchan）致以谢意。你们在各种项目上和我团结在一起，并在我被其他人消耗殆尽的关键时刻给我充电。很开心你们让我看到风雨过后总有晴空。

尼尔的致谢

这本书代表了我10年来试图了解现实世界中人们如何做决策的历程，在这条道路上，很多人给了我机会，支持我，并帮助我将这部作品带给世界。首先，我要感谢劳伦斯。多年前，我报名了他的MSc（理学硕士）课程，并作为一名准学生参与了面试，现在我们又成为合作者，在这个世界上，除了你我再也找不到另一位更愿意与之共事的学者了。你真正展示了有所作为的意义，且在工作中从不缺乏科学深度和严谨性。看到你对世界的影响，我感到十分敬佩。当许多人袖手旁观时，你带头支持那些需要帮助的人，并通过不懈努力，竭尽全力地为全球应对新冠疫情做出贡献。我很高兴世界终于看到了你，并最终给你颁发了 MBE（大英帝国勋章），这是你应得的。最重要的是，我很感恩能与你成为朋友。我们在这本书中给出的大部分建议都是你多年来给我的建议，我可以证明这些建议是多么有用。我为我们的合作感到骄傲，更为接下来的工作感到兴奋。

这项工作还与我们在美国陆军研究所行为和社会科学基础科学研究组的一些研究密切相关。作为本书的基础，我们所进行的许多研究都来自他们的支持，我非常感谢格雷戈里·鲁阿克（Gregory Ruark）、莫琳·麦卡斯克（Maureen McCusker）、加雷特·霍华德森（Garett Howardson）、亚历山大·温德（Alexander Wind）和妮基·布莱克史密斯（Nikki Blacksmith）。当我在 2016 年带着一个关于军事的想法突然打电话给格雷戈里时，我不知道他当时有什么样的想法，但我永远感谢他给了我们一个研究的机会。除了美国陆军研究所的团队，我们还非常幸运地得到了许多人的帮助，他们为我们的工作提供了极大的支持和便利，他们是萨拉·查普曼·特里姆、马丁·弗格森（Martin Ferguson）、戴维·伯克、弗朗基·苏尔蒙－博尔（Frankie Surmon-Bohr）、迈克尔·休曼、丽萨·汤普森（Lisa Thompson）等。

在过去的 18 个月里，我和许多人一样，不得不通过 Zoom 参加很多的活动。当我无法与所爱的人见面时，写这本书能够分散我的注意力，让我从悲伤中解脱出来。对于我所有的好朋友们以及他们的孩子们：阿利（Aari）、奥利维亚（Olivia）、弗兰克（Frank）、厄尼（Ernie）和阿尔弗雷德（Alfred），我迫不及待地想见到你们，一起庆祝我们抵达的许多里程碑。对于我的家人们，我每天都在想念你们。

感谢我的妻子和她的整个家庭。感谢你们提供的爱、食物和支持，并常常提醒我，我的学识还很浅薄，让我保持谦逊。

最后，我们两人要共同感谢乔安娜·穆尔黑德（Joanna Moorhead），感谢她让我们保持正直，并帮助我们让本书问世；感谢玛尔塔·卡塔拉诺（Marta Catalano）、埃玛·欧文（Emma Owen）和企鹅兰登书屋为我们提供了这次机会，并影响了我们的思想；感谢朱莉娅·凯拉韦（Julia Kellaway），感谢她始终与我们保持沟通，确保将最重要的内容传递给那些有需要的人。

第1章　改变人生的1%关键决策

1. Yates, J. F., Veinott, E. S., & Patalano, A. L. (2003). Hard decisions, bad decisions: On decision quality and decision aiding. In: Schneider, S. L., & Shanteau, J. C. (eds.), *Emerging Perspectives on Judgment and Decision Research.* Cambridge University Press, 13–63.
2. Klein, G., & Woods, D. D. (1993). Conclusions: Decision-making in action. In: Klein, G. A., Orasanu, J., Calderwood, R., & Zsambok, C. E. (eds.), *Decision-Making in Action: Models and Methods.* Ablex, 404–11.
3. Houghton, D. P. (2013). *The Decision Point: Six Cases in U.S. Foreign Policy Decision Making.* Oxford University Press.
4. Cohen, M. S., & Lipshitz, R. (2011). *Three Roads to Commitment: A Trimodal Theory of Decision-Making.* Haifa [unpublished work].
5. Shortland, N. D., Alison, L. J., & Moran, J. (2019). *Conflict: How Soldiers Make Impossible Decisions.* Oxford University Press.
6. Tom, S. M., Fox, C. R., Trepel, C., & Poldrack, R. A. (2007). The neural basis of loss aversion in decision-making under risk. *Science,* 315(5811), 515–8.

第2章 比错误决定更可怕的惰性陷阱

1. Zeelenberg, M. (1999). Anticipated regret, expected feedback and behavioral decision making. *Journal of Behavioral Decision Making*, 12, 93–106.

2. Lamport, L. (1984). Buridan's principle. Technical report, SRI technical report.

3. van den Heuvel, C., Alison, L., & Crego, J. (2012). How uncertainty and accountability can derail strategic 'save life' decisions in counter-terrorism simulations: A descriptive model of choice deferral and omission bias. *Journal of Behavioral Decision Making*, 25(2), 165–87.

4. Ibid.

5. Arkes, H. R., & Ayton, P. (1999) The sunk cost and Concorde effects: Are humans less rational than lower animals? *Psychological Bulletin,* 125(5), 591–600.

6. Brehm, J. W., & Cohen, A. R. (eds.) (1962). Explorations in cognitive dissonance. Wiley.

7. Power, N., & Alison, L. (2017). Redundant deliberation about negative consequences: Decision inertia in emergency responders. *Psychology, Public Policy and Law*, 23(2), 243–58.

8. Epstein, S., & Fenz, W. D. (1965). Steepness of approach and avoidance gradients in humans as a function of experience. *Journal of Experimental Psychology,* 70(1), 1–12.

9. Reid, K. (25 Nov. 2019). 2010 Haiti earthquake: Facts, FAQs and how to help. World Vision.

10. Press Association (25 Nov. 2013). Flooding cost the UK £600m in 2012. *The Guardian.*

11. DW News (2 Nov. 2020). Merkel: 'The virus punishes half-heartedness'.

第3章 让你成为你的个人价值清单

1. Milosevic, I. (2015). *Phobias: The Psychology of Irrational Fear*. Greenwood, 196, 179.
2. Harrison, Y., & Horne, J. A. (2000). The impact of sleep deprivation on decision making: A review. *Journal of Experimental Psychology: Applied,* 6(3), 236–49.
3. Anderson, R. A., & Cui, H. (2009). Intention, action planning, and decision making in parietal-frontal circuits. *Neuron*, 63(5), 568–83.
4. Larsen, R. P. (2001). Decision-making by military students under severe stress. *Military Psychology*, 13(2), 89–98.
5. Van Deusen, M. (19 May 2020). Understanding max heart rate and why it matters for training. Whoop.com.
6. Shortland, N. D., McGarry, P., Thompson, L., Stevens, C., & Alison, L. J. (2021). The effect of a 3-minute mindfulness intervention, and the mediating role of maximization, on critical incident decision-making. *Frontiers in Psychology,* 12, 1942.
7. Watts, A. (2011). *The Wisdom of Insecurity: A Message for an Age of Anxiety.* Vintage.
8. Manson, M. (2016). *The Subtle Art of Not Giving a F*ck.* HarperCollins.
9. Simon, H. A. (1956). Rational choice and the structure of the environment. *Psychological Review,* 63(2), 129–38.
10. Parker, A. M., Bruine de Bruin, W., & Fischhoff, B. (2007). Maximizers versus satisficers: Decision-making styles,competence, and outcomes. *Judgment and Decision-making,* 2(6), 342–50.
11. Shortland, N. D., Alison, L. J., & Thompson, L. (2020). Military maximizers: Examining the effect of individual differences in maximization on military decision making. *Personality and Individual Differences,* 163, 110051.
12. Manson, M. (2016). *The Subtle Art of Not Giving a F*ck.* HarperCollins.

13. Atran, S., & Axelrod, R. (2008). Reframing sacred values. *Negotiation Journal,* 24(3), 221–46; Atran, S., & Axelrod, R. (30 Jun. 2010). Why we talk to terrorists. *New York Times* ; Atran, S., Axelrod, R., & Davis, R. (2007). Sacred barriers to conflict resolution. *Science,* 317, 1039–40.

14. Litz, B. T., Stein, N., Delaney, E., Lebowitz, L., Nash, W. P., Silva, C., & Maguen, S. (2009). Moral injury and moral repair in war veterans: A preliminary model and intervention strategy. *Clinical Psychology Review,* 29(8), 695–706.

15. Tetlock, P. E., Kristel, O. V., Elson, S. B., Green, M. C., & Lerner, J. S. (2000). The psychology of the unthinkable: Taboo trade-offs, forbidden base rates, and heretical counterfactuals. *Journal of Personality and Social Psychology,* 78(5), 853–70.

第4章　何种场景：良好决策的第一步

1. Chater, N., & Loewenstein, G. (2016). The under-appreciated drive for sense-making. *Journal of Economic Behavior & Organization,* 126(2), 137–54.

2. Butcher, F., Gore, A., Shortland, N., & Maxwell, I. (2011). Scoping study to further understand the collection of 'Pattern of Life' information for C-IED operators. DSTL/CR60093. Final customer report, Porton, Wiltshire: Dstl Porton Down.

3. Mercier, H., & Sperber, D. (2011). Why do humans reason? Arguments for an argumentative theory. *Behavioral and Brain Sciences,* 34(2), 57–74.

4. American Rhetoric (n.d.). George W. Bush: The deliberate and deadly attacks... were acts of war. President's address from cabinet room following cabinet meeting, 12 September 2001.

5. Twomey, S. (Dec. 2016). How (almost) everyone failed to prepare for Pearl Harbor; Martin, V. B. (2015). The system was blinking red: Awareness contexts and disasters. *Grounded Theory Review,* 14(2), 11–21; De Bruijn, H. (2006). One fight, one team: The 9/11 commission report on intelligence, fragmentation and

information. *Public Administration,* 84(2), 267–87.

6. Kean, T. H., & Hamilton, L. H. (2004). *The* 9/11 *Report.* St. Martin's Press.

7. Ibid, 336 and 344.

8. Gottschall, J. (2012). *The Storytelling Animal: How Stories Make Us Human.* Houghton Mifflin Harcourt.

第5章　何时行动：掌握决策的正确时间窗口

1. Bowden, M. (2012). *The Finish: The Killing of Osama Bin Laden*. Atlantic Monthly Press.

2. Gans Jr., J. A. (10 Oct. 2012). 'This is 50-50': Behind Obama's decision to kill Bin Laden. *The Atlantic*.

3. Madden, G. J., Begotka, A. M., Raiff, B. R., & Kastern, L. L. (2003). Delay discounting of real and hypothetical rewards. *Experimental and Clinical Psychopharmacology,* 11(2), 139–45.

4. Tetlock, P. E. (2003). Thinking the unthinkable: Sacred values and taboo cognitions. *Trends in Cognitive Science,* 7(7), 320–4.

5. Shortland, N. D., McGarry, P., Thompson, L., Stevens, C., & Alison, L. J. (2021). The effect of a 3-minute mindfulness intervention, and the mediating role of maximization, on critical incident decision-making. *Frontiers in Psychology,* 12.

6. Alison, L., Doran, B., Long, M. L., Power, N., & Humphrey, A. (2013). The effects of subjective time pressure and individual differences on hypotheses generation and action prioritization in police investigations. *Journal of Experimental Psychology: Applied*, 19(1), 83–93.

7. Shortland, N., Thompson, L., & Alison, L. (2020). Police perfection: Examining the effect of trait maximization on police decision-making. *Frontiers in Psychology,* 11.

第6章　何种假设：正确决策需要避免的认知陷阱

1. Kruglanski, A. W., Webster, D. M., & Klem, A. (1993). Motivated resistance and openness to persuasion in the presence or absence of prior information. *Journal of Personality and Social Psychology,* 65(5), 861–76.
2. Houghton, D. (2013). *The Decision Point: Six Cases in U.S. Foreign Policy Decision Making.* Oxford University Press.
3. Alison, L., Doran, B., Long, M. L., Power, N., & Humphrey, A. (2013). The effects of subjective time pressure and individual differences on hypotheses generation and action prioritization in police investigations. *Journal of Experimental Psychology: Applied,* 19(1), 83–93.
4. Ibid.
5. Simon, H. A. (1956). Rational choice and the structure of the environment. *Psychological Review,* 63(1), 129–38.
6. Tversky, A., & Kahneman, D. (1973). Availability: A heuristic for judging frequency and probability. *Cognitive Psychology,* 5(2), 207–32; Tversky, A., & Kahneman, D. (1974). Judgment under uncertainty: Heuristics and biases. *Science,* 185(4157), 1124–31.

第7章　何时修正：遵循你内心深处的价值

1. Tom, S. M., Fox, C. R., Trepel, C., & Poldrack, R. A. (2007). The neural basis of loss aversion in decision-making under risk. *Science*, 315(5811), 515–8.
2. Deakin, J. M., & Cobley, S. (2003). An examination of the practice environments in figure skating and volleyball: A search for deliberate practice. *Expert Performance in Sports*, 90–113.
3. Duckworth, A. L., Peterson, C., Matthews, M. D., & Kelly, D. R. (2007). Grit: Perseverance and passion for long term goals. *Journal of Personality and Social*

Psychology, 92(6), 1087–101.

4. Ibid.
5. Kelly, D. R., Matthews, M. D., & Bartone, P. T. (2014). Grit and hardiness as predictors of performance among West Point cadets. *Military Psychology*, 26(4), 327–42.
6. Olivola, C. Y. (2018). The interpersonal sunk-cost effect. *Psychological Science,* 29, 1072–83.
7. Howard, M. C., & Crayne, M. P. (2019). Persistence: Defining the multidimensional construct and creating a measure. *Personality and Individual Differences*, 139, 77–89.
8. Gillett, R. (18 May 2015). From welfare to one of the world's wealthiest women – the incredible rags-to-riches story of J.K. Rowling. *Business Insider*.
9. Moss, S. (28 Sep. 2009). Ricky Gervais: 'Before The Office I never tried hard at anything'. The *Guardian*.

第8章　提升心理韧性，过更有活力的生活

1. Elliott, S. (2003). 'The Media Business: Advertising; 'Takes a licking and keeps on ticking' is on the way out at Timex. Now, it's 'Life is ticking.' *The New York Times*.
2. British Medical Association (2020). COVID-19 – ethical issues. A guidance note.
3. Elliott, E., Ezra-Nevo, G., Regev, L., Neufeld-Cohen, A., & Chen, A. (2010). Resilience to social stress coincides with functional DNA methylation of the Crf gene in adult mice. *Nature Neuroscience*, 13(11), 1351–3.
4. Hone, L. (Aug. 2019). 3 secrets of resilient people. TEDTalk [video].
5. Napier, C. (18 Dec. 2020). What is the Serenity Prayer? Is it biblical? Christianity.com.
6. Hone, L. (Aug. 2019). 3 secrets of resilient people. TEDTalk [video].

未来，属于终身学习者

我们正在亲历前所未有的变革——互联网改变了信息传递的方式，指数级技术快速发展并颠覆商业世界，人工智能正在侵占越来越多的人类领地。

面对这些变化，我们需要问自己：未来需要什么样的人才？

答案是，成为终身学习者。终身学习意味着永不停歇地追求全面的知识结构、强大的逻辑思考能力和敏锐的感知力。这是一种能够在不断变化中随时重建、更新认知体系的能力。阅读，无疑是帮助我们提高这种能力的最佳途径。

在充满不确定性的时代，答案并不总是简单地出现在书本之中。“读万卷书”不仅要亲自阅读、广泛阅读，也需要我们深入探索好书的内部世界，让知识不再局限于书本之中。

湛庐阅读 App：与最聪明的人共同进化

我们现在推出全新的湛庐阅读 App，它将成为您在书本之外，践行终身学习的场所。

- 不用考虑“读什么”。这里汇集了湛庐所有纸质书、电子书、有声书和各种阅读服务。
- 可以学习“怎么读”。我们提供包括课程、精读班和讲书在内的全方位阅读解决方案。
- 谁来领读？您能最先了解到作者、译者、专家等大咖的前沿洞见，他们是高质量思想的源泉。
- 与谁共读？您将加入优秀的读者和终身学习者的行列，他们对阅读和学习具有持久的热情和源源不断的动力。

在湛庐阅读 App 首页，编辑为您精选了经典书目和优质音视频内容，每天早、中、晚更新，满足您不间断的阅读需求。

【特别专题】【主题书单】【人物特写】等原创专栏，提供专业、深度的解读和选书参考，回应社会议题，是您了解湛庐近千位重要作者思想的独家渠道。

在每本图书的详情页，您将通过深度导读栏目【专家视点】【深度访谈】和【书评】读懂、读透一本好书。

通过这个不设限的学习平台，您在任何时间、任何地点都能获得有价值的思想，并通过阅读实现终身学习。我们邀您共建一个与最聪明的人共同进化的社区，使其成为先进思想交汇的聚集地，这正是我们的使命和价值所在。

图书在版编目（CIP）数据

怎样决定大事 /（英）劳伦斯·艾利森，（英）尼尔·肖特兰著；祝卓宏，王洵译 . — 杭州：浙江科学技术出版社，2025. 4.（2025.6重印）— ISBN 978-7-5739-1685-3

Ⅰ. B848.4-49

中国国家版本馆 CIP 数据核字第 2025SJ7411 号

书　　名	**怎样决定大事**
著　　者	[英] 劳伦斯·艾利森　[英] 尼尔·肖特兰
译　　者	祝卓宏　王　洵

出版发行	**浙江科学技术出版社** 地址：杭州市环城北路 177 号　邮政编码：310006 办公室电话：0571－85176593 销售部电话：0571－85062597 E-mail:zkpress@zkpress.com
印　　刷	唐山富达印务有限公司

开　　本	710mm×965mm　1/16	**印　　张**	14.75
字　　数	215 千字		
版　　次	2025 年 4 月第 1 版	**印　　次**	2025 年 6 月第 2 次印刷
书　　号	ISBN 978-7-5739-1685-3	**定　　价**	99.90 元

责任编辑　陈　岚	**责任美编**　金　晖
责任校对　张　宁	**责任印务**　吕　琰

重磅导读

01　在人生的十字路口，如何像特种兵一样果断抉择?

檀林

北大汇丰商学院未来实验室首席未来学家

02　我们能把决策都交给 AI 么?

吴晨

著名财经作家

01

在人生的十字路口，如何像特种兵一样果断抉择？

檀林
北大汇丰商学院
未来实验室首席未来学家

最近，我读了一本令人耳目一新的书 *Decision Time*，直译为“决策时刻”，中文版即将由湛庐文化出版，书名更为直击人心：《怎样决定大事》。在这个信息爆炸的时代，我们每天都会做出无数选择，但真正决定人生走向的，往往只是几个关键的决定。**这本书不是普通的成功学鸡汤，而是一本用战火和极端压力铸就的决策教科书，它将彻底颠覆你对“大事”的认知。**

翻开这本书的引言，你会被两个极具冲击力的场景所震撼：阿富汗战场上，士兵在枪林弹雨中做出生死抉择；悉尼公寓里，准新郎为婚礼细节焦头烂额。作者一针见血地指出，无论是战场还是日常生活，所有重大决策的本质都是“最不坏选择”。就像拆弹专家必须在“立即爆炸”和“可能团灭”之间押注，我们的人生同样充满这样的困境——是继续在舒适区里温水煮青蛙，还是破釜沉舟、追逐梦想？是结束一段食之无味的婚姻，还是在将就中耗尽余生？

这本书将告诉你：决策不是赌博，而是一门可以掌握的科学。在人生的十字路口，我们需要的不是运气，而是经过淬炼的决策智慧。因为那 1% 的关键选择，将决定你 99% 的人生轨迹。

从战场到职场：决策科学的跨界革命

2018 年泰国“睡美人”岩洞的救援行动中，救援指挥官奥索塔纳科恩面临着人类史上最残酷的抉择：让被困的少年足球队员们在洪水中等死，还是派遣潜水员进行死亡率超高的营救？这个生死赌局，最终以全员生还的奇迹收场。但鲜为人知的是，奥索塔纳科恩在决策过程中，竟运用了与美军击毙本・拉丹相同的心理机制——这正是《怎样决定大事》揭示的决策科学底层密码。

本书作者劳伦斯・艾莉森和尼尔・肖特兰，一位是英国军情系统的决策训练专家，一位是研究士兵战场心理的学者。他们用 20 年时间深入阿富汗战场、反恐指挥部和急诊手术室，收集了 2 000 多个高压决策案例，最终提炼出适用于普通人、名为“STAR”的决策模型。

STAR 决策模型解剖：四个维度重塑决策基因

1. 何种场景：故事碎片的逆向拼图

为做出有效决策，在碎片中拼出真相地图，需要理解正在发生的事情，包括**弄清楚已经发生了什么、为什么发生，以及接下来可能发生什么**。其中对“接下来可能发生什么”的判断最为关键，但前两者也很重要。

作者告诉我们讲述故事不可能完全客观，虽然有无数种方式，但应选择对自己最真实的方式。同时要注意事情发生的原因以及实际发生的情况，对动机、既得利益、偏见等因素保持开放心态。某些人格类型的人在讲述故事时可能不那么全面，若认识到自己有符合这样的情况，应努力开放思维，接受更多可能性，以提高决策的有效性。

在重要的预测环节（即接下来可能发生什么），精英决策者既不会考虑太少的可能性，也不会考虑过多。只考虑一种选择会使视野过于狭窄，即使很确定可能发生的情况，也至少要提出另一种可能性，即使这看起来很古怪。

作者建议在决策过程中考虑两到三种可能的情况，包括“最好的情况”“最坏的情况”和“中等情况”，以便在希望得到最好结果的同时为最坏情况做好计划，并在最广泛的背景下做出选择。

2012 年伦敦奥运反恐行动前，警方在模拟演练中发现惊人规律：多数错误决策源自初始误判。书中还原了经典训练场景——某军官发现线人穿着”异常干净的白衬衫”，便立即识破了自杀式袭击陷阱。这种”犯罪侧写式”的故事推演能力，正是高手与新手的本质区别。

2. 何时行动：决策节奏的黄金分割

时机是做出有效决策的关键。在任何决策过程开始时，首先要问自己的问题是：**我有多少时间？必须现在决定还是有时间思考？如果有时间思考，有多少时间？**如果时间没有限制，可能会陷入困境。

决策中的一大障碍是惰性，即当应该做某事时却什么都不做。其中一个原因是感觉可以推迟决定，因为外部因素影响不大。如果决策没有时间限制，应给自己设定一个人为的时间限制并遵守。

在极少数情况下，若答案是“必须现在决定，很紧急”，应找出“最不坏的选择”，即即使事情不顺利，也比所有情况中的最坏情况要好。

让我们来看看击毙本·拉丹的完整时间线：

- 前 48 小时：情报团队争论“50% 概率”的数学含义
- 关键 49 分钟：奥巴马用“3D 沙盘推演”可视化所有路径
- 最后 6 秒：基于“价值锚点”（终结恐怖象征＞国际法风险）拍板

这种“49+6”模式完美诠释了 STAR 模型的“探戈节奏”：**慢（情报分析）–慢（沙盘推演）– 快（方案选择）– 快（行动执行）。**

对比我听说过的一个上市公司收购案，CEO 因在尽调阶段过度追求“100% 确定性”，错失 3 小时黄金报价窗口，最终被竞争对手以高 5% 溢价截胡。

3. 何种假设：打破认知钢印

不同的人有不同的思维方式和性格特点，对于那些具有高认知闭合需求的人来说，他们需要**训练自己以更广阔的视角看待事物、考虑更多的可能性，从不同的角度考虑情况，**这就是一种适应和调整自己决策方式的过程。

1973 年赎罪日战争成为经典反面教材：以色列军事情报局长达 12 小时拒绝相信埃及会进攻，只因坚信“阿拉伯军队五年内无作战能力”的陈旧评估。这种“认知闭合”现象，在书中被认为是决策者的头号杀手。

在我们身边的经历中，也能看到很多触目惊心的情景，如：

- 某大厂创始人坚持说“开源模型是智商税”，但最近脸被打肿了，又不得不宣布要在愚人节开源和免费；
- 某基金经理在雷曼兄弟破产前夜，因“不愿承认判断失误”加倍做多；

为此，我总结出了“认知破壁三斧”：

- 恶魔代言人机制：强制团队中 20% 成员唱反调
- 平行宇宙推演：为每个决策撰写“失败讣告”
- 耻辱柱测试：自问“如果此决定登上头条，我能否坦然接受？”

4. 何时修正：在道德废墟上重生

优秀的决策者具有修订和重新评估未来情况的能力，这意味着**做出决定后不能停滞，要不断质疑、重新审视决定，以确保其仍然适合自己，而且还要强调做出正确决定后仍需要韧性，**因为面对困难时，韧性可以帮助我们在艰难的处境中生存下来，坚持正确的决定。

“我对着孕妇扣动扳机，因为她的长袍下藏着炸弹。”——某海军陆战队员的战后告白，揭示了最残酷的“道德创伤”。五角大楼的标准战后心理干预体系使用了下面的“道德创伤愈合路线图”：

- 第一阶段（0 ～ 72 小时）
  “决策追溯”：用执法记录仪回放现场 360 度视角
  “责任切割”：区分“我造成的伤害”与“我阻止的更大伤害”
- 第二阶段（1 ～ 6 个月）
  “价值重锚”：通过 LUCIFER 测试重塑道德坐标系

“故事改写”：把“我杀了人”重构为“我保护了队友”

我之前听说有一个急诊科主任应用了类似的方法，帮助他的医护团队从未能救活一个年轻的心肌炎患者的阴影中走出。很多医院也确实在加大了对医护人员的心理韧性和抗压能力训练，已经数据显示，参与训练的医护群体 PTSD 发病率大幅下降，而临床决策速度显著提升。

商业文明的决策基因编辑术

读完这本书，我认为它特别适合商业人士仔细阅读并实践，不管你是内心如履薄冰的创业者，还是在悖论中前行的投资人，抑或是追求卓越的职场人。

创业者的“拆弹手册”

2017 年有一个 AI 初创公司面临生死抉择：接受巨头收购（保底 1 亿美元），还是冒险自研大模型？他们的创始人也许没听说过 STAR 模型，但他的做法就是这个框架的深度推演：

- 故事维度：列出“成为下一个 DeepMind”“被吞噬创新基因”“独立上市”三条路径
- 时间维度：计算出 18 个月资金安全期，设置 3 个里程碑检查点；
- 动态测试：用最小化产品验证技术突破概率；
- 韧性预设：为最坏情况准备“软着陆计划”；

最终他们选择独立研发，三年后以几十亿美元估值上市。这个案例的核心启示是：**伟大决策不是选择完美路径，而是创造让任何选择都能成功的弹性**

系统。

投资人的“战场直觉”

有意思的是，在投资界鼎鼎有名的桥水基金所采用的“决策日志”系统也是军事起源：

- 每日记录 100 个微决策：比如“为什么在 11:23 增持特斯拉”；
- 用战场伤亡评估法给每个决策打分：给出 -3 到 +3 级影响；
- 季度“尸检会议”：分析前 10% 和后 10% 决策的神经信号差异；

某对冲基金经理应用这个方法后，发现自己在“上午 10:15-10:45”时段的决策失误率是其他时段 2.3 倍，根源居然是早餐不当引起的血糖波动。通过调整饮食和决策节奏，他的年化收益提升 19%。

职场人的“微型战场”

作者将日常决策分为三级，如果对应到职场人的常见场景里，可以这么来使用：

- C 级（常规决策）：中午吃什么，消耗 5 点决策能量；
- B 级（战术决策）：是否跳槽，消耗 50 点决策能量；
- A 级（战略决策）：买房 / 移民 / 创业，消耗 200 点决策能量；

我们能得出的惊人结论是：普通人日均浪费 120 点决策能量在 C 级选择上，导致重大决策时常处于“认知过载”状态。

基于这种情况，我们可以使用书中给出的“决策节能的三原则”来提升决策能量使用效率：

- 将 80% 日常决策转化为习惯：如扎克伯格永远穿灰 T 恤；
- 为 A 级决策建立“神圣时间”：做出重大决定前，隔绝手机、补充葡萄糖；
- 用“决策代币”可视化脑力消耗：尝试一下，每做一次决定就扔一枚硬币；

甚至，我们还可以使用书里提到的 3 分钟正念冥想的训练方法。这个三分钟的引导冥想是由加州大学洛杉矶分校的正念研究中心（MARC）制作，如果大家都能掌握这种三分钟正念冥想法，甚至一起练习，会降低集体决策的很多风险。

VUCA 时代的决策者宣言

当我们用外卖软件纠结 30 分钟时，消耗的神经资源相当于维多利亚时代的人决定全年种植计划。当我们为是否离婚辗转反侧时，经历的认知风暴不亚于将军制定作战方案。

这本书的真正价值，不在于给出标准答案，而在于为我们安装了一套“决策免疫系统”：

- 它能识别“伪选择”陷阱：比如“要事业还是要家庭”的非黑即白设问；
- 它能阻断“后悔反刍”的神经毒剂：比如通过建立决策追溯机制；
- 它能将“我本可以”的焦虑，转化为“我正在”的行动力。

在这个算法支配、黑天鹅频出的 VUCA 时代，拥有 STAR 决策系统的人正在进化出适应这个时代的超级个体能力。

不过我要告诉大家是，这本书读后也有一个后遗症：那就是从此再也无法甩锅给“选择困难”了。合上本书时，我发现自己再也无法用“我再想想”逃避决定。

决策即权力，在商业文明的进化史上，所有伟大的颠覆都始于某个关键决策时刻。《怎样决定大事》提供的不是标准答案，而是一套决策基因的编辑工具——它让创业者在资本狂潮中保持战略定力，让投资人在信息洪流里捕获价值信号。

当您下次面对重大抉择时，不妨自问：我的决策系统，是否已准备好迎接这个不确定时代的终极挑战？或许，人类文明的下一程，就藏在每个普通人对决策时刻的敬畏与觉醒之中。

02

我们能把决策都交给 AI 么？

吴晨
著名财经作家

未来两三年，AI 可能会替代几乎所有呼叫中心工作的员工，只会留下极少的一些人应付 AI 无法应对的刁钻问题。在 AI 大爆发的时代，这一预测已经算不上多么激进了。

问题是，AI 能够替代紧急报警电话，或者紧急救护电话的值班人员么？回答这个问题，或许要深入思考一下。因为紧急，这些人员可能面临千差万别的情况，可能需要在极短的时间内做出权衡和判断，你放心将这样的决策交给 AI？

决策的困境与 AI 的边界

学术研究者很喜欢用“电车困境”来形容真实世界中复杂问题的权衡。电车困境最简单的叙述就是：一辆失控的电车正在冲向人群，如果可以扭转方向，人群可以获救，但一位无辜的路人会被撞死，这时司机该如何选择？

古语说得好，两害相权取其轻，但真正电车问题摆在人面前，我想没有人会觉得决策起来很简单。在《怎么决定大事》这本书中，作者劳伦斯·艾莉森建议，人在面临电车困境时，应该选择做出“最不坏的决策”，即当你面临多个选项，每项都可能产生负面结果时，你的目标应是从所有负面结果中选择破坏力最小的一个。

电车困境其实只是人类在现实中面临纷繁复杂问题的一个简单版本，但如何处理，已经不仅涉及道德选择，更是对一个人价值观的拷问，选择背后也会体现自身一系列的价值判断。不同人会做出不同的选择。这里还要强调一句，不选择也是一种选择——因为没有正确答案。

当我们因为 AI 的能力与日俱进而欣喜的时候，《怎么决定大事》提醒我们，其实许多人在面临复杂而重要的问题时，常常很难做出决断。面对复杂多变的环境，许多普通人尚且没有办法权衡利弊，果断行动，及时纠偏，又何况 AI 呢？当然这并不是说 AI 不能超越人，我更想强调，如果 AI 只是通过学习人类的选择而做出自己的选择时，那至少他看到人类做出错误选择的样本，应该不会比“正确”的选择少——这里的错误和正确，并不是说在我们面临人生的重要抉择时，可以有标准的正确答案，而是说我们在决策流程中是否用一套正确的思考方式，避免心理上常见的误区。

在变化无常、信息不完备，而且没有太多时间思考的情况下，做决策的大忌是什么？或者阻碍决策的重要障碍是什么？《怎么决定大事》从三方面给出了比较详尽的分析。

第一方面是担心，比如担心负责任，从而不作为。不作为也就意味着，不用为做出选择可能带来的并不好的后果而负责任。除了担心负责任之外，另一种担心则是担心事后后悔，当有了更多信息之后，后悔做出决策。这种人在事后会想象一个另类世界，在这个世界中自己做出了不同的选择，结果可能会比现在更好。

第二方面是选择困难症，在诸多选项中很难做出选择，尤其当选择都需要做出牺牲的时候。这时，一个首要原则是做出最不坏的决策，即两害相权取其轻。但真正要能做到这一点并不容易，因为在大多数情况下，人的决策背后会有许多情绪问题——这也是为什么从战场下来会出现 PTSD（创伤后应激障碍）。决策时心理冲突最严重的时候，经常是两种价值观发生冲突的时候，比如我们讲述古代英雄时经常会说的忠孝不能两全。理想的状态是要让自己遵从自己内心的价值判断，比如一些人常说的“枪口上调一寸”，但在更多时候，我们也许会被迫按照别人的价值判断来做决策，而把严重的心理障碍留给自己。

第三个方面是从决策到执行之间的间隔太大。跳伞的人会告诉你，什么时候最容易犹豫不决？就是你已经做好跳伞但还可以向后撤一步的时候。许多人生的抉择都是如此。例如，当一个人经历了并不幸福的婚姻，且孩子们都长大了，那么身陷空巢的她 / 他是否应该追寻自己的幸福？谈离婚很容易，但如果把时间和精力都运用在一次又一次的重复思考中，离婚的行动却迟迟无法做出，这就像书里说到的多谋少断的反面，即 FOMO（Fear of Missing Out），因为担心落下而匆忙做出决策，结果经常是失败大于成功。

驾驭复杂情境的四维法则

面对复杂情境，《怎么决定大事》这本书开出了 STAR 的思考框架，分别对应情境（Scenario）、时机（Timing）、假设（Assumption）和修正（Revision）

首先，我们要拥有情境意识，判定已经发生了什么，然后思考为什么会发生，最后据此预测接下来会发生什么。为什么有的资深消防员面临火情会有一套自己的直觉判断？因为他见过的情形特别多，可以迅速依靠经验做出判定，马上行动。马尔科姆·格拉德威尔在《眨眼之间》中描述过类似的例子。

但实际生活中，我们可能面临更多全新的情况，从来没有遇见过的问题。发生新情况的时候，不要让自己的直觉和判断占主导，需要争取更多时间搜集信息，深入评估。你看到的现象可能有多种解释，这也需要我们保持开放的心态，不会根据单一诊断就马上行动。

情景规划是战略思考常用的框架，对于个人决策同样适用。对于重大决策，不能只看到它可能的收益，也需要对最坏的结果做好打算。人们会回避思考可怕的结果，当这些结果出现的时候，反而会带来更多创伤。

其次，我们要关注时机。祥林嫂最大的问题就是多谋少断，讨论占用了太多的认知资源，却没能真正做出决断。对决策时间窗口，一个比较好的建议是“狐步舞”的方式，本着跳舞时“慢慢、快快”的节奏，在决策的初期慢一点，不要冲动用事，不要简单相信直觉，努力去拥有足够的信息；但在决策的后期执行要快，因为完美的信息是不可能的，花费过多时间搜集信息，会面临边际效益递减。

再次，我们需要对假设做清晰的梳理。很多时候我们都只看到自己愿意看到的东西，选择性地忽略其他信息和可能性。2023 年 10 月以色列突然遭受恐怖袭击，几乎毫无防备，超过 1 000 名平民死伤，以色列国防军和情报机构摩萨德的能力被外界广泛质疑。站在假设的视角去看，显然以色列的领导者，上至总理内塔尼亚胡，下至军方和情报机构的首脑，都无法想象自己被恐怖组织攻击。他们并不是无法获取预警信号，也不是那些有用的信息被隐藏起来，他们只是没有接收到这些信息。很多时候，我们看到和相信什么不重要，重要的是我们头脑中在想象什么。

最后，我们需要不断调整。有的时候我们需要韧性，百折不挠，不怕失败——因为害怕失败而不敢尝试是很多人无法做成大事的原因；有的时候又需要及时调整，及时止损，不让沉没成本影响到自己的选择。当然普通人最大的困境就是在这种灰度的情况下到底如何判断，而常见的问题是要么不够坚持，错过了大好机会；要么过多坚持，浪费了太多资源，再想转型已经没了机会。

AI 助力与人类自主的平衡之道

分析完《怎样决定大事》提出的决策思考与行动框架 STAR 之后，我想非常有必要与 AI 的发展结合，去思考在 AI 的帮助之下，我们如何可以做的更好？同时回答本文提出的最初问题：我们能把决策都交给 AI 么？

在未来两年 AI 的应用过程中，工作将变得越来越模块化，许多工作会由人和 AI 共同完成，而两者之间的各自优劣取决于四个方面：

第一，工作有多复杂？复杂度越高，人的适应能力越强。这种复杂有两个维度。一个维度是不确定性，信息是否完备；另一个维度则是很多时候并没有明显的选择，或者没有最优的选择，甚至连说得过去的选择都没有。有经验的人可以在信息不完备的情况下大胆做出决策。而人在权衡利弊，或者两害相权取其轻时，有自主性，能做出自己的价值判断。

第二，类似工作发生的频次有多高？频次越高，AI 胜任的能力也就越大。所以即使是紧急呼救电话，如果是高频发生的问题，比如车祸，AI 在学习了有经验的人之后，也可能做出好的选择。

第三，工作需要协作和协调的相关方有多少？在真实世界中，工作不是孤立存在的，而是需要相互协同以及大量的沟通和交流，越是重要的工作越是如此。STAR 模型中的每一项，无论是对情境的了解，时机的把握，假设的审视，还是因为信息变化而带来的修正，都是建立在各种沟通交流的基础之上的。人类的各种沟通有许多不完备的地方和盲点，AI 能提升么？当然，好的沟通有时候又很可能是非正式的、计划之外的，比如办公室里员工在茶水间里嚼舌根，AI 能否领会？

第四，失败的成本有多高？这又回到人作为社交动物，组织作为社交关系场域不可忽略的特点，即使是推动 AI 的应用，做决策的人也要去思考失败的成本有多高，尤其是 AI 做出错误选择之后的成本有多高。在人的组织中，失败总要有人背锅，这才会出现选择 IBM 或者麦肯锡不会错，因为它们都是富有盛名的组织，如果他们的建议出了问题，决策者很容易甩锅。

回到 AI 本身，我想 AI 在帮助我们如何更好做出决策可以有三方面的帮助：

一、打破认知瓶颈。AI 的优势之一是海量处理数据的能力。有了 AI 助力，我们就不会太担心思考过多占用认知资源的问题，也可以在狐步舞中引入 AI 的帮助，避免直觉和盲点限制了我们对大势的整体把握，让 AI 帮助我们快速收集更多信息，找到更多可能的选择。

二、更好发挥群体智慧。人生中会面临许多频次极低但影响极高的选择，比如求学、婚姻、买房这样的重大投资。AI 能否从更多人的判断中筛选出更好的集体智慧，为新手提供决策支持？

三、规避心理弱点。追求完美、当断不断、事后后悔，这些都是很常见的决策中的心理弱点，即使再好的决策支持书也很难一下子改变人的心理。在困难的情况下，寻找那个最不坏的选择，说起来容易，做起来难。但 AI 可以形成明确地行动指南，在“人 +AI”的选择中明确规则和流程，帮助人卸下一部分繁重的心理负担。甚至可以在当断不断的档口，比如提到的跳伞窗口，交由 AI 来安排。

AI 暂时做不到的情况，除了我们前面所说，面对没有正确答案的复杂情况需要基于自主性价值判断做出选择，还有一个就是“灰度判断”，当我们需要权衡利弊，对未来的可能性做出前瞻的、没有非黑即白的选择，这时，人生经验的积累、社交网络的支持，都会成为权衡背后的参考。但最终的决策，仍然需要人自己来拍板，无法交由 AI 来替我们做出选择。

几年前有个关于使用 AI 的笑话，此刻更新一下或许能更好帮助我们理解 AI 的应用：DeepSeek，你告诉我，该跟她结婚么？DeepSeek 或许可以列出千万条选择地理由，也会成为你沟通的良伴，甚至可能帮助你厘清头绪，但最终决定还得自己做，婚姻的日子还得自己去过，是幸福美满还是问题重重，也只有自己试了才知道。

面对未知，选择必然在自己手中，责任也不可能推卸给他人，包括 AI。但我们可以更好学会如何做出选择，比如阅读你眼前这本书，而 AI 则可能成为不可或缺的帮手。

DECISION TIME

重磅赞誉

祝卓宏

中国科学院心理研究所
国家公务员心理健康应用研究中心主任

梁冬

“冬吴相对论”创始人，
《梁品周易》作者

檀林

北大汇丰商学院
未来实验室首席未来学家

吴晨

著名财经作家

张萌

作家，代表作《人生效率手册》

加里·克莱因

ShadowBox LLC 创始人

“人生的道路虽然漫长，但紧要处常常只有几步，特别是当人年轻的时候。”这句话深刻地道出了重大决策的关键意义。为什么在面对关键抉择时总举棋不定？如何才能在不确定的世界中找到前行的方向？这本书为我们提供了极具价值的答案。相信通过学习和实践，我们都能成为更优秀的决策者，走向更加成功和幸福的未来。

——祝卓宏

中国科学院心理研究所

国家公务员心理健康应用研究中心主任

那些不会让你后悔的决定，往往源自心中最真实、最微弱的声音，但是大部分人无法精准地捕捉这些声音。《怎样决定大事》恰恰给了我们捕捉这种声音的可操作方法。通过两位作者精心提炼的四步模型，我们可以学会在面对人生中 1% 的重大决策时，不再恐惧、拖延和逃避。

古语有云：“人心惟危，道心惟微”。唯有认清内心真正不可动摇的信念，方能在抉择时坚定无惧，不为外物所扰，让事情的走向符合自然规律，顺应心之所往。守己之道，方得从容。

——梁冬

"冬吴相对论"创始人，《梁品周易》作者

在这个信息爆炸的时代，我们每天都在做出无数选择，但 1% 的关键选择将决定你 99% 的人生轨迹。这本书不是普通的成功学鸡汤，而是一本用战火和极端压力铸就的决策教科书。这本书将告诉你：决策不是赌博，而是一门可以掌握的科学。在人生的十字路口，我们需要的不是运气，而是经过淬炼的决策智慧。

——**檀林**

北大汇丰商学院

未来实验室首席未来学家

这本书告诉我们，许多人在面临复杂而重要的问题时，常常很难做出决断。本书以 STAR 框架解剖危机抉择——洞察情境、把握时机、检验假设、动态修正。在 AI 大爆发的时代，AI 可以随时列出千万条理由，成为沟通的良伴，甚至帮助你厘清头绪，但最终决定还得自己做。当 AI 成为不可或缺的帮手，我们也可以学会如何更好地做出选择。

——**吴晨**

著名财经作家

如果你也曾在十字路口踌躇不前，如果你希望在复杂的世界中找到清晰的行动方向，那么《怎样决定大事》是一本不容错过的书。它不仅是一本实用的决策指南，更是一种自我提升的思维工具。通过书中提出的 STAR 模型，我们可以更好地理解当前情况，掌握行动时机，检验假设的正确性并灵活修正决策方向，在复杂与不确定中找到清晰的方向。希望每一位读者都能通过这本书找到自己生命中那最重要的 1% 关键选择，并为之全力以赴！

——**张萌**

作家，代表作《人生效率手册》

一本可读性强且妙趣横生的著作……作者成功实现专业跨界，将积累自军方及安防领域的实战经验，完美转化为指导普通人处理生活中重大抉择的决策系统。这是一部发人深省的著作。

——**加里·克莱因**

ShadowBox LLC 创始人

“人生的道路虽然漫长，但紧要处常常只有几步，特别是当人年轻的时候。”这句话深刻地道出了重大决策的关键意义。为什么在面对关键抉择时总举棋不定？如何才能在不确定的世界中找到前行的方向？这本书为我们提供了极具价值的答案。相信通过学习和实践，我们都能成为更优秀的决策者，走向更加成功和幸福的未来。

祝卓宏

中国科学院心理研究所国家公务员心理健康应用研究中心主任

在这个信息爆炸的时代，我们每天都在做出无数选择，但1%的关键选择将决定你99%的人生轨迹。这本书不是普通的成功学鸡汤，而是一本用战火和极端压力铸就的决策教科书。这本书将告诉你：决策不是赌博，而是一门可以掌握的科学。在人生的十字路口，我们需要的不是运气，而是经过淬炼的决策智慧。

檀 林

北大汇丰商学院未来实验室首席未来学家

如果你也曾在十字路口踌躇不前，如果你希望在复杂的世界中找到清晰的行动方向，那么《怎样决定大事》是一本不容错过的书。它不仅是一本实用的决策指南，更是一种自我提升的思维工具。希望每一位读者都能通过这本书找到自己生命中那最重要的1%关键选择，并为之全力以赴！

张 萌

作家，代表作《人生效率手册》

那些不会让你后悔的决定，往往源自心中最真实、最微弱的声音，但是大部分人无法精准地捕捉这些声音。《怎样决定大事》恰恰给了我们捕捉这种声音的可操作方法。通过两位作者精心提炼的四步模型，我们可以学会在面对人生中1%的重大决策时，不再恐惧、拖延和逃避。

梁 冬

“冬吴相对论”创始人，《梁品周易》作者

这本书告诉我们，许多人在面临复杂而重要的问题时，常常很难做出决断。本书以STAR框架解剖危机抉择——洞察情境、把握时机、检验假设、动态修正。在AI大爆发的时代，AI可以随时列出千万条理由，成为沟通的良伴，甚至帮助你厘清头绪，但最终决定还得自己做。当AI成为不可或缺的帮手，我们也可以学会如何更好地做出选择。

吴 晨

著名财经作家

一本可读性强且妙趣横生的著作……作者成功实现专业跨界，将积累自军方及安防领域的实战经验，完美转化为指导普通人处理生活中重大抉择的决策系统。这是一部发人深省的著作。

加里·克莱因

ShadowBox LLC创始人

ISBN 978-7-5739-1685-3

9 787573 916853 >

上架指导 管理/心理学

定价 99.90元

（本手册为附赠品）